本书英文版于 2017 年由世界卫生组织（World Health Organization）出版，书名为：
WHO Study Group on Tobacco Product Regulation: Report on the Scientific Basis of Tobacco Product Regulation: Sixth Report of a WHO Study Group (WHO Technical Report Series; No. 1001)
© World Health Organization 2017

世界卫生组织（World Health Organization）授权中国科技出版传媒股份有限公司（科学出版社）翻译出版本书中文版。中文版的翻译质量和对原文的忠实性完全由科学出版社负责。当出现中文版与英文版不一致的情况时，应将英文版视作可靠和有约束力的版本。

中文版《烟草制品管制科学基础报告：WHO 研究组第六份报告》
© 中国科技出版传媒股份有限公司（科学出版社） 2018

WHO 技术报告系列 1001

WHO 烟草制品管制研究小组

烟草制品管制科学基础报告

WHO 研究组第六份报告

胡清源 侯宏卫 等 译

科学出版社

北京

内 容 简 介

本报告介绍了WHO烟草制品管制研究小组在第八次会议上得出的结论和提出的建议，小组审查了会议专门委托的背景文件，并审议了以下主题：①卷烟的特征和设计特色；②WHO烟草实验室网络标准操作规程对电子烟碱传输系统评估的潜在应用；③水烟的有害内容物及释放物；④针对卷烟的WHO烟草实验室网络标准操作规程对水烟的适用性；⑤无烟烟草制品的有害内容物和释放物；⑥卷烟内容物和释放物中烟碱、烟草特有亚硝胺和苯并[a]芘的标准操作规程在无烟烟草制品中的应用。研究组关于每个主题的建议在相关章节末尾列出，最后一章为总体建议。

本书会引起吸烟与健康、烟草化学和公共卫生学等诸多应用领域科学家的兴趣，为客观评价烟草制品的管制和披露措施提供必要的参考。

图书在版编目(CIP)数据

烟草制品管制科学基础报告：WHO研究组第六份报告/WHO烟草制品管制研究小组著；胡清源等译. —北京：科学出版社，2018.12
（WHO技术报告系列 1001）
书名原文：WHO Study Group on Tobacco Product Regulation: Report on the Scientific Basis of Tobacco Product Regulation: Sixth Report of a WHO Study Group (WHO Technical Report Series; No. 1001)
ISBN 978-7-03-059712-0

I. ①烟⋯ II. ①W⋯ ②胡⋯ III. ①烟草制品-科学研究-研究报告 IV. ①TS45

中国版本图书馆CIP数据核字(2018)第263065号

责任编辑：刘　冉／责任校对：张小霞
责任印制：张　伟／封面设计：铭轩堂

科学出版社 出版
北京东黄城根北街16号
邮政编码：100717
http://www.sciencep.com

北京建宏印刷有限公司 印刷
科学出版社发行　各地新华书店经销

*

2018年12月第 一 版　开本：890×1240　A5
2018年12月第一次印刷　印张：7 1/4
字数：220 000
定价：98.00元
（如有印装质量问题，我社负责调换）

译 者 序

2003年5月，第56届世界卫生大会*通过了《烟草控制框架公约》(FCTC)，迄今已有包括我国在内的180个缔约方。根据FCTC第9条和第10条的规定，授权世界卫生组织(WHO)烟草制品管制研究小组(TobReg)对可能造成重要公众健康问题的烟草制品管制措施进行鉴别，提供科学合理的、有根据的建议，用于指导成员国进行烟草制品管制。

自2007年起，WHO陆续出版了六份烟草制品管制科学基础报告，分别是945，951，955，967，989和1001。WHO烟草制品管制科学基础系列报告阐述了降低烟草制品的吸引力、致瘾性和毒性等烟草制品管制相关主题的科学依据，内容涉及烟草化学、代谢组学、毒理学、吸烟与健康等烟草制品管制的多学科交叉领域，是一系列以科学研究为依据、对烟草管制发展和决策有重大影响意义的技术报告。将其引进并翻译出版，可以为相关烟草科学研究的科技工作者提供科学性参考。希望引起吸烟与健康、烟草化学和公共卫生学等诸多应用领域科学家的兴趣，为客观评价烟草制品的管制和披露措施提供必要的参考。

第一份报告(945)由胡清源、侯宏卫、韩书磊、陈欢、刘彤、付亚宁翻译，全书由韩书磊负责统稿；

第二份报告(951)由胡清源、侯宏卫、刘彤、付亚宁、陈欢、韩

---

* 世界卫生大会(World Health Assembly，WHA)是世界卫生组织的最高决策机构，每年召开一次。

烟草制品管制科学基础报告：
WHO 研究组第六份报告

书磊翻译，全书由刘彤负责统稿；

第三份报告 (955) 由胡清源、侯宏卫、付亚宁、陈欢、韩书磊、刘彤翻译，全书由付亚宁负责统稿；

第四份报告 (967) 由胡清源、侯宏卫、陈欢、刘彤、韩书磊、付亚宁翻译，全书由陈欢负责统稿；

第五份报告 (989) 由胡清源、侯宏卫、陈欢、刘彤、韩书磊、付亚宁翻译，全书由陈欢负责统稿。

第六份报告 (1001) 由胡清源、侯宏卫、韩书磊、陈欢、刘彤、付亚宁、王红娟翻译，全书由韩书磊统稿。

由于译者学识水平有限，本中文版难免有错漏和不当之处，敬请读者批评指正。

2018 年 11 月

目 录

WHO 烟草制品管制研究小组第八次会议 ······································· ix
致谢 ·· xiii
缩略语表 ·· xv
1. 前言 ··· 1
2. 卷烟特征和设计特色 ··· 3
    2.1   引言 ··· 5
    2.2   影响感观和行为的卷烟特征 ··· 6
        2.2.1   概述 ··· 6
        2.2.2   影响使用者感观的卷烟特征 ······································· 7
        2.2.3   影响使用者行为的卷烟特征 ····································· 11
    2.3   影响烟气释放物的卷烟特征 ··· 15
        2.3.1   烟草 ··· 15
        2.3.2   卷烟纸 ··· 17
        2.3.3   滤嘴 ··· 18
        2.3.4   物理尺寸 ··· 21
    2.4   可改变烟气 pH 和成瘾性的设计特色和添加剂 ····················· 24
        2.4.1   概述 ··· 24
        2.4.2   氨、糖和再造烟叶 ··· 25
        2.4.3   其他成分 ··· 26
        2.4.4   烟丝配方和物理特征 ··· 27
        2.4.5   测量"烟气 pH" ·· 28
    2.5   可能影响感观和传送的创新 ··· 29

  2.5.1 概述 29
  2.5.2 低烟碱卷烟 30
  2.5.3 彩色卷烟纸 31
  2.5.4 特色滤嘴 32
  2.5.5 烟草行业对特殊滤嘴和再造烟叶的研究 34
 2.6 对设计特色的公众健康影响进行科学评价的研究 35
 2.7 结论 37
 2.8 建议 40
  2.8.1 政策建议 40
  2.8.2 研究建议 41
 2.9 参考文献 42

3. WHO 烟草实验室网络标准操作规程对电子烟碱传输系统评估的潜在应用 63

 3.1 背景 65
 3.2 电子烟碱传输系统（ENDS）的一般方法学评价 67
 3.3 烟碱 68
  3.3.1 ENDS 烟液中的烟碱 69
  3.3.2 ENDS 气溶胶中的烟碱 69
 3.4 烟草特有亚硝胺 71
  3.4.1 ENDS 烟液中的烟草特有亚硝胺 71
  3.4.2 ENDS 气溶胶中的烟草特有亚硝胺 72
 3.5 苯并 [a] 芘 73
  3.5.1 ENDS 烟液中的苯并 [a] 芘 73
  3.5.2 ENDS 气溶胶中的苯并 [a] 芘 74
 3.6 其他分析物 75
  3.6.1 羰基化合物 75
  3.6.2 溶剂 77

3.6.3	挥发性有机化合物	79
3.6.4	酚类化合物	79
3.6.5	金属	80
3.6.6	香精	81
3.7	关于扩展方法的建议	82
3.7.1	烟碱	84
3.7.2	烟草特有亚硝胺	85
3.7.3	苯并 [a] 芘	86
3.7.4	挥发性有机化合物	87
3.7.5	羰基化合物	87
3.8	为未来监管 ENDS 提供数据所需的研究	88
3.9	结论	89
3.10	建议	93
3.11	参考文献	94

4. 水烟的有害内容物和释放物 ··· 107

4.1	引言	108
4.2	抽吸方式和释放物测试方案	110
4.3	有害物质的含量及释放量	112
4.4	测试方法对水烟有害物质释放量的影响	116
4.4.1	抽吸模式	120
4.4.2	热源	121
4.4.3	烟草温度	121
4.4.4	水的影响	122
4.5	水烟设计对水烟烟草制品释放物的影响	122
4.5.1	组件和配件	122
4.5.2	实际水烟和研究级水烟	123
4.5.3	水烟软管	124
4.5.4	水烟托和铝箔	125

  4.6 结论 ··· 127
  4.7 对监管部门的建议 ··· 128
  4.8 参考文献 ·· 128

5. 针对卷烟的 WHO 烟草实验室网络标准操作规程对水烟的适用性 ··· 137

  5.1 引言 ··· 138
  5.2 抽吸方法 ·· 139
    5.2.1 热源 ·· 139
    5.2.2 水烟头 ·· 140
    5.2.3 水烟头覆盖物 ··· 140
    5.2.4 水 ··· 141
    5.2.5 软管 ·· 141
    5.2.6 滤嘴 ·· 141
  5.3 吸烟机 ·· 142
  5.4 水烟烟草取样 ·· 144
  5.5 样品制备 ·· 145
  5.6 内容物和释放物的测定 ·· 147
    5.6.1 水烟烟草的内容物 ································· 147
    5.6.2 焦油、烟碱和一氧化碳的释放 ············ 149
  5.7 讨论 ··· 151
  5.8 结论和建议 ·· 154
    5.8.1 对监管机构的建议 ································· 155
    5.8.2 对研究人员的建议 ································· 156
  5.9 参考文献 ·· 156

6. 无烟烟草制品的有害内容物和释放物 ····························· 163

  6.1 引言 ··· 164
    6.1.1 全球流行情况 ··· 166

  6.1.2 无烟烟草制品在制造和物理特性上的多样性 ⋯⋯⋯⋯⋯ 166
 6.2 产品构成 ⋯⋯⋯⋯⋯⋯⋯⋯⋯⋯⋯⋯⋯⋯⋯⋯⋯⋯⋯⋯⋯⋯⋯⋯⋯ 167
  6.2.1 烟草 ⋯⋯⋯⋯⋯⋯⋯⋯⋯⋯⋯⋯⋯⋯⋯⋯⋯⋯⋯⋯⋯⋯⋯⋯⋯ 167
  6.2.2 添加剂 ⋯⋯⋯⋯⋯⋯⋯⋯⋯⋯⋯⋯⋯⋯⋯⋯⋯⋯⋯⋯⋯⋯⋯⋯ 168
 6.3 无烟烟草制品的释放物 ⋯⋯⋯⋯⋯⋯⋯⋯⋯⋯⋯⋯⋯⋯⋯⋯⋯⋯⋯ 169
  6.3.1 烟碱 ⋯⋯⋯⋯⋯⋯⋯⋯⋯⋯⋯⋯⋯⋯⋯⋯⋯⋯⋯⋯⋯⋯⋯⋯⋯ 169
  6.3.2 有害物质和致癌物 ⋯⋯⋯⋯⋯⋯⋯⋯⋯⋯⋯⋯⋯⋯⋯⋯⋯⋯ 172
  6.3.3 微生物及其组成 ⋯⋯⋯⋯⋯⋯⋯⋯⋯⋯⋯⋯⋯⋯⋯⋯⋯⋯⋯ 178
 6.4 降低无烟烟草制品中的有害物质浓度 ⋯⋯⋯⋯⋯⋯⋯⋯⋯⋯⋯⋯ 179
 6.5 结论和建议 ⋯⋯⋯⋯⋯⋯⋯⋯⋯⋯⋯⋯⋯⋯⋯⋯⋯⋯⋯⋯⋯⋯⋯⋯ 181
 6.6 参考文献 ⋯⋯⋯⋯⋯⋯⋯⋯⋯⋯⋯⋯⋯⋯⋯⋯⋯⋯⋯⋯⋯⋯⋯⋯⋯ 184

7. 卷烟内容物和释放物中烟碱、烟草特有亚硝胺和苯并 [a] 芘的标准操作规程在无烟烟草制品中的应用 ⋯⋯⋯⋯⋯⋯⋯⋯⋯⋯⋯⋯ 197
 7.1 引言 ⋯⋯⋯⋯⋯⋯⋯⋯⋯⋯⋯⋯⋯⋯⋯⋯⋯⋯⋯⋯⋯⋯⋯⋯⋯⋯⋯ 198
 7.2 无烟烟草制品中的烟碱、烟草特有亚硝胺和苯并 [a] 芘 ⋯⋯⋯ 198
  7.2.1 烟碱 ⋯⋯⋯⋯⋯⋯⋯⋯⋯⋯⋯⋯⋯⋯⋯⋯⋯⋯⋯⋯⋯⋯⋯⋯⋯ 198
  7.2.2 烟草特有亚硝胺 ⋯⋯⋯⋯⋯⋯⋯⋯⋯⋯⋯⋯⋯⋯⋯⋯⋯⋯⋯ 199
  7.2.3 苯并 [a] 芘 ⋯⋯⋯⋯⋯⋯⋯⋯⋯⋯⋯⋯⋯⋯⋯⋯⋯⋯⋯⋯⋯⋯ 200
 7.3 WHO 标准操作规程对无烟烟草制品分析的适用性评价 ⋯⋯ 200
  7.3.1 分析方法评价 ⋯⋯⋯⋯⋯⋯⋯⋯⋯⋯⋯⋯⋯⋯⋯⋯⋯⋯⋯⋯ 200
  7.3.2 烟碱的测定 ⋯⋯⋯⋯⋯⋯⋯⋯⋯⋯⋯⋯⋯⋯⋯⋯⋯⋯⋯⋯⋯ 201
  7.3.3 烟草特有亚硝胺的测定 ⋯⋯⋯⋯⋯⋯⋯⋯⋯⋯⋯⋯⋯⋯⋯ 202
  7.3.4 苯并 [a] 芘的测定 ⋯⋯⋯⋯⋯⋯⋯⋯⋯⋯⋯⋯⋯⋯⋯⋯⋯⋯ 202
 7.4 讨论和建议 ⋯⋯⋯⋯⋯⋯⋯⋯⋯⋯⋯⋯⋯⋯⋯⋯⋯⋯⋯⋯⋯⋯⋯⋯ 204
 7.5 参考文献 ⋯⋯⋯⋯⋯⋯⋯⋯⋯⋯⋯⋯⋯⋯⋯⋯⋯⋯⋯⋯⋯⋯⋯⋯⋯ 206

8. 总体建议 ⋯⋯⋯⋯⋯⋯⋯⋯⋯⋯⋯⋯⋯⋯⋯⋯⋯⋯⋯⋯⋯⋯⋯⋯⋯⋯ 210

WHO 烟草制品管制研究小组第八次会议

巴西里约热内卢，2015 年 12 月 9~11 日

参加者

D. L. Ashley 博士，美国食品药品监督管理局（马里兰州罗克维尔）烟草制品中心科学办公室主任

O. A. Ayo-Yusuf 教授，Sefako Makgatho 卫生科学大学（南非比勒陀利亚）口腔卫生科学院院长

A. R. Boobis 教授，英国伦敦帝国学院医学系药理学和治疗中心生化药物学专业；伦敦帝国学院公共卫生英格兰毒理学课题组组长

Mike Daube 教授，科廷大学（澳大利亚西澳大利亚州珀斯）公共卫生咨询研究所主任，卫生政策学教授

M. V. Djordjevic 博士，美国国家癌症研究所（美国马里兰州贝塞斯达）癌症控制与人口科学部行为研究处烟草控制研究项目主任 / 项目负责人

P. Gupta 博士，Healis Sekhsaria 公共卫生研究所（印度孟买）所长

S. K. Hammond 博士，加利福尼亚大学伯克利分校（美国加利福尼亚州伯克利）公共卫生学院环境卫生学教授

D. Hatsukami 博士，美国明尼苏达大学（美国明尼苏达州明尼阿波利斯）精神病学教授

A. Opperhuizen 博士，荷兰乌得勒支风险评估和研究办公室主任

G. Zaatari 博士，WHO 烟草制品管制研究小组主席；贝鲁特美国大

烟草制品管制科学基础报告：
WHO 研究组第六份报告

学（黎巴嫩贝鲁特）病理学与实验医学教授

发言人

Nuan Ping Cheah 博士，新加坡卫生科学局应用科学组药物学分部化妆品和卷烟测试实验室主任

Gregory Connolly 博士，美国东北大学（美国马萨诸塞州波士顿）教授

Thomas Eissenberg 博士，美国弗吉尼亚州联邦大学（美国弗吉尼亚州里士满）烟草制品研究中心副主任，心理学教授

Esteve Fernández 博士，Bellvitge 生物医学研究所加泰罗尼亚肿瘤研究机构烟草控制负责人；巴塞罗那大学（西班牙巴塞罗那）流行病学与公共卫生专业副教授

Patricia Richter 博士，美国疾病控制与预防中心（佐治亚州亚特兰大）国家环境卫生中心烟草和挥发性组分分会副主任

Alan Shihadeh 博士，贝鲁特美国大学（黎巴嫩贝鲁特）建筑与工程学院机械工程教授

Reinskje Talhout 博士，荷兰国家公共卫生与环境研究所（荷兰比特欧文）卫生防护中心

Geoffrey Ferris Wayne 先生，美国加利福尼亚州塞瓦斯托波尔研究所顾问

Ana Claudia Bastos de Andrade 女士，巴西国家卫生监督管理局（巴西里约热内卢）烟草制品控制司司长

Katja Bromen 博士，欧盟健康与消费者理事会（比利时布鲁塞尔）D4 单元人类起源物质与烟草控制组政策官员

Denis Chonière 先生，加拿大卫生部（加拿大安大略省渥太华）控制

物质与烟草理事会烟草制品管制办公室主任
Nalan Yazicioğlu 女士，土耳其烟草和酒精市场监管局（土耳其安卡拉）
工程师

WHO FCTC 秘书处
Carmen Audera-Lopez 博士，世界卫生组织技术官员，瑞士日内瓦
WHO 秘书处（非传染性疾病预防部，瑞士日内瓦）
M. Aryee-Quansah 女士，无烟草行动组行政助理
A. Peruga 博士，无烟草行动组项目理事
G. Vestal 女士，无烟草行动组技术官员（法定）

致　谢

世界卫生组织烟草制品管制研究小组（TobReg）对提供本报告基础背景文件的作者表示感谢。

本报告是在 Vinayak Prasad 博士和 Douglas Bettcher 博士的监督和支持下，由 Sarah Emami 女士协调出版。Armando Peruga 博士和 Gemma Vestal 女士负责协助组织会议。以下 WHO 工作人员提供行政支持：Miriamjoy Aryee-Quansah 女士、Gareth Burns 先生、Luis Madge 先生、Rosane Serrao 女士、Moira Sy 女士、Elizabeth Tecson 女士和 Angeli Vigo 女士。

TobReg 对世界卫生组织《烟草控制框架公约》（WHO FCTC）第 9 条和第 10 条工作组的协调人员表示感谢，他们帮助确保了 WHO 和 TobReg 能充分响应缔约方会议的要求。他们是：Ana Claudia Bastos de Andrade 女士（巴西）、Katja Bromen 博士、Denis Chonière 先生（加拿大）和 Nalan Yazicioğlu 女士（土耳其）。

TobReg 谨对主办此次会议的巴西国家卫生监督管理局（ANVISA）Ana Claudia Bastos de Andrade 女士以及 Adriana Blanco 博士（世界卫生组织美洲地区办事处烟草控制地区顾问）表示感谢，他们确保了巴西 TobReg 会议的顺利举办。

TobReg 感谢世界卫生组织《烟草控制框架公约》秘书处的同事们协助编写本报告，他们包括：Carmen Audera-Lopez 博士、Guangyuan Liu 女士、Tibor Szilagyi 博士（技术官员）和 Vera da Costae Silva 博士（现任 WHO FCTC 秘书处负责人）。

缩略语表

CDC	美国疾病控制与预防中心
CFP	剑桥滤片
CI	置信区间
CO	一氧化碳
COP	缔约方会议
CORESTA	烟草科学研究合作中心
ENDS	电子烟碱传输系统
FCTC	烟草控制框架公约
FEMA	美国香精和提取物制造商协会
FID	火焰离子化检测器
GC	气相色谱
GRAS	一般认为安全
HPLC	高效液相色谱
IARC	国际癌症研究机构
ISO	国际标准化组织
MS	质谱
NNAL	4-(甲基亚硝基氨基)-1-(3-吡啶基)-1-丁醇
NNK	4-(甲基亚硝基氨基)-1-(3-吡啶基)-1-丁酮
NNN	N'-亚硝基降烟碱
PAH	多环芳烃
ppm	百万分之一
RIVM	荷兰国家公共卫生与环境研究所
SOP	标准操作规程
TobLabNet	烟草实验室网络
TobReg	世界卫生组织烟草制品管制研究小组
TPM	总粒相物
TSNA	烟草特有亚硝胺
VOC	挥发性有机化合物

1. 前　　言

有效的烟草制品管制是综合烟草控制规划中必不可少的组成部分。烟草制品管制包括对内容物和释放物进行管制，管制的方法包括强制测试、公布测试结果、适当设定限值、对包装和标识设置限制条件等。世界卫生组织《烟草控制框架公约》（WHO FCTC）的第 9、10 和 11 条以及实施第 9、10 条的部分指导原则中涵盖了烟草制品管制的内容。

为了填补烟草管制空白，世界卫生组织在 2013 年正式成立了烟草制品管制研究小组（TobReg）。它的主要职责是向 WHO 总干事提供有关烟草制品管制的循证政策建议。TobReg 由产品管制、烟草依赖治疗、烟草成分和释放物实验室分析等领域的国际科学专家组成。这些专家来自于 WHO 六大地区的国家。

作为 WHO 的正式实体组织，TobReg 通过总干事向 WHO 执行委员会提交技术报告，提醒成员国注意 WHO 在烟草制品管制中所做的工作。技术报告主要是在未发表的背景文件的基础上由 TobReg 讨论得出的。

TobReg 第八次会议于 2015 年 12 月 9~11 日在巴西里约热内卢举行。讨论的内容包括烟草制品的优先管制清单和 WHO FCTC 第六次缔约方会议上提出的请求，具体如下：

- 编写有关烟草特征的科学证据报告，具体包括细支和超细支卷烟的设计，滤嘴通风及创新滤嘴设计特点（如胶囊的香味传递机制），在某种程度上，这些特征将影响 TobReg 在第六次缔约方会议后第一次会议上审议通过的 WHO FCTC 公众健康目标。

- 对电子烟碱传输系统和电子非烟碱传输系统的管制进行评估以达到 FCTC 第六次缔约方会议的要求，并考察测量这些产品中内容物和释放物的方法。
- 在两年内评估标准操作规程（SOP）是否适用于卷烟内容物和释放物中的烟碱、烟草特有亚硝胺（TSNA）和苯并[a]芘的检测，以及是否适用于除卷烟外的烟草制品，包括水烟、无烟烟草的检测。
- 编写有关水烟及无烟烟草中有害内容物和释放物的报告。

在该会议上，还对一篇有关电子烟碱传输系统（ENDS）的气溶胶的背景文件进行了讨论，这份文件已经单独出版[①]。TobReg 还对烟草制品中薄荷醇的使用和流行情况进行了讨论，会议之后，针对决策者和监管者的基于证据支持的结论和建议出版了一份报告[②]，其中提到禁止在卷烟中使用薄荷醇（及其类似物、衍生物和前体物）。

TobReg 希望本报告和咨询说明中的结论、建议能够有益于各国实施 WHO FCTC 产品管制条约。

[①] http://www.who.int/tobacco/industry/product_regulation/eletronic-cigarettes-report-cop7-background-papers/en/

[②] http://apps.who.int/iris/bitstream/10665/205928/1/9789241510332_eng.pdf?ua=1

2. 卷烟特征和设计特色

Reinskje Talhout，荷兰国家公共卫生与环境研究所（荷兰比特欧文）卫生防护中心

Patricia Richter，美国疾病控制与预防中心（佐治亚州亚特兰大）国家环境卫生中心实验室科学处

Irina Stepanov，美国明尼苏达大学（明尼苏达州明尼阿波利斯）环境卫生科学与共济会癌症中心副教授

Christina Watson，美国疾病控制与预防中心（佐治亚州亚特兰大）国家环境卫生中心实验室科学处

Clifford Watson，美国疾病控制与预防中心（佐治亚州亚特兰大）国家环境卫生中心实验室科学处

目录

2.1　引言
2.2　影响感观和行为的卷烟特征
　　2.2.1　概述
　　2.2.2　影响使用者感观的卷烟特征
　　　　2.2.2.1　卷烟纸和滤嘴纸——装饰性元素
　　　　2.2.2.2　滤嘴通风
　　　　2.2.2.3　物理尺寸（细支和超细支卷烟）
　　　　2.2.2.4　香精
　　2.2.3　影响使用者行为的卷烟特征
　　　　2.2.3.1　滤嘴通风
　　　　2.2.3.2　物理尺寸
　　　　2.2.3.3　香精

2.3 影响烟气释放物的卷烟特征
   2.3.1 烟草
   2.3.2 卷烟纸
   2.3.3 滤嘴
      2.3.3.1 滤嘴通风
      2.3.3.2 吸附过滤材料——炭
   2.3.4 物理尺寸
      2.3.4.1 直径和周长
      2.3.4.2 长度
      2.3.4.3 填充密度
      2.3.4.4 超细支卷烟
2.4 可改变烟气 pH 和成瘾性的设计特色和添加剂
   2.4.1 概述
   2.4.2 氨、糖和再造烟叶
   2.4.3 其他成分
   2.4.4 烟丝配方和物理特征
   2.4.5 测量"烟气 pH"
2.5 可能影响感观和传送的创新
   2.5.1 概述
   2.5.2 低烟碱卷烟
   2.5.3 彩色卷烟纸
   2.5.4 特色滤嘴
   2.5.5 烟草行业对特殊滤嘴和再造烟叶的研究
2.6 对设计特色的公众健康影响进行科学评价的研究
2.7 结论
2.8 建议

2.8.1 政策建议

2.8.2 研究建议

2.9 参考文献

2.1 引　　言

本章是根据世界卫生组织《烟草控制框架公约》（WHO FCTC）第六次缔约方会议（俄罗斯莫斯科，2014年10月13~18日）向公约秘书处提出的一项请求编写的。该请求是编写有关烟草特征的科学证据报告，具体包括细支和超细支卷烟的设计、滤嘴通风及创新滤嘴设计特点（如胶囊的香味传递机制）。在某种程度上，这些特征将影响WHO FCTC COP在2016年2月会议上审议的第9条和第10条：WHO FCTC公众健康目标。关于细支和超细支卷烟的设计特点，本章包含了卷烟的周长和长度与烟碱传输和暴露的关系。

本报告表明卷烟的特征可以影响使用者的主观感受、使用者行为和有害成分的传输。卷烟的一般特征包括烟丝、添加剂、质量、密度、卷烟纸、滤嘴类型、滤嘴通风、卷烟几何形状（圆周、长度）[1]。最近，市售卷烟有了一些新的设计特征，如滤嘴中的香味胶囊、特殊滤嘴和彩色卷烟纸。为卷烟设计这些特征主要是为了减少负面影响（如咽喉刺激），增加积极影响（如改善抽吸和口感），吸引新的使用者和目标群体，增加使用的便利性，以及降低风险和提高安全性，从而增加卷烟的吸引力和成瘾性[2]。其中某些成分也可以增加成瘾性，例如通过提高烟碱传输等。目前许多声称可以降低有害物质含量（如更有效的滤嘴或对烟草进行处理）的新产品已经上市或者正在由烟草行业进行调查。

本章包含以下主题：

- 影响使用者感观和行为的卷烟特征（如吸引力、风险认知、通风、压降、香味、设计和形状，包括卷烟直径长度比）（2.2节）；
- 影响有害物质释放的卷烟特征（如烟草类型、烟丝、烟草用量、通风、纸张孔隙度、滤嘴类型）（2.3节）；
- 影响烟气pH和成瘾性的设计特色和添加剂（2.4节）；
- 可能影响感观和/或释放的创新（如香味胶囊、新的滤嘴设计）（2.5节）；
- 可以揭示设计特色对公众健康影响的科学评估研究领域（2.6节）。

文献检索主要在PubMed数据库SciFinder搜索工具中进行，其中SciFinder搜索工具主要检索Medline和CAplus数据库中的文献。出版物及报告中引用的相关文献也在查找范围内。此外，我们使用互联网来查找提供产品特征和市场信息的网站，并搜索主要烟草制造商的网站、烟草行业文档库、博客和新闻文章。

2.2 影响感观和行为的卷烟特征

2.2.1 概述

卷烟的特征可以影响烟碱传送[3]和吸烟者的感官体验，对吸烟相关行为有重要的影响。对于高度依赖吸烟者，从开始吸烟到成瘾的过程中，这些特征影响了他们对烟草的依赖和吸烟满意度。烟碱传送和主观感受对吸烟满意度[4, 5]、心理奖励[6]及减少渴望[7]有着重大的影响。例如使用高通风滤嘴的卷烟给使用者带来了一种"更淡"的感觉，由于有着更好的适口性、主观感受可以减少健康风险或两者兼而有之，这种卷烟得到了广泛的接受[8-10]。

学术界和政府研究人员已经对卷烟的设计对用户感知和吸烟行为的影响进行了研究，并获得了很多该方面的基础知识[11]。目前，行业内部研究的部分结果已经公开，为了达到有效的烟碱传送和特殊的感观特性，制造商对卷烟的设计进行了改良，建立了品牌及子品牌形象，提升产品对消费者的吸引力。回顾相关内部行业研究对于制定有效的卷烟特征政策和法规十分重要[12]。本章我们对影响使用者感观体验和行为的卷烟特征进行了总结。

2.2.2 影响使用者感观的卷烟特征

2.2.2.1 卷烟纸和滤嘴纸——装饰性元素

一些研究对卷烟外观与对应的消费者反馈进行了分析，结果表明某些元素，如滤嘴和卷烟纸的颜色及图案影响了卷烟吸引力和人们对它危害的认识[13-16]。Moodie 等[14]的研究表明，粉红色的卷烟纸可能更具吸引力，并给年轻女性带来了愉快的感觉和更小的危害感。相反地，深色外观的吸引力较小，给人一种有强烈味道和更大危害的感觉。然而，宜人的香气会增加深色卷烟的吸引力，减少人们对其危害的主观认识。Ford 等[16]进行了一项探索性研究：在一组15 岁的受试者中发现当在滤嘴和卷烟纸上有装饰性元素（包括品牌名称的字体风格）时，能够让受试者对它产生兴趣并感到新颖，传达积极的形象并使人受到吸引。这些研究表明，卷烟外观可以被当作一种促销工具。例如，与带有软木色过滤嘴的卷烟[17]相比，设计有白色且通风的滤嘴会增强人们对于产品安全的感知。有关卷烟中卷烟纸和滤嘴颜色的最新款式将在 2.5.3 小节和 2.5.4 小节中进行讨论。

2.2.2.2 滤嘴通风

主观感受可以减少危害

滤嘴成分和通风对释放物的影响将在 2.3.3 小节进行详细描述。许多吸烟者不知道低害卷烟中含有通风滤嘴（可以用空气对卷烟烟气进行稀释）[17, 18]。滤嘴通风不仅改变了使用者对卷烟烟气的感觉，并且影响了使用者对吸烟危害的主观感受，尤其是低害卷烟中的滤嘴通风使吸烟者感到烟味比普通卷烟更淡、刺激性更小，这使他们相信使用这种卷烟焦油和烟碱摄入量更低[8, 10, 19]。例如，O'Connor 等[20]研究发现滤嘴通风的程度与感觉烟味轻（$P<0.001$）和平滑度（$P=0.005$）有关。Cummings 等[17]的研究表明，许多 Marlboro Lights 吸烟者错误地认为烟味轻和超轻的卷烟比高焦油和全香型卷烟危害更小。该研究中，Marlboro Lights 吸烟者只有 11% 的人知道"清香型"卷烟与全香型卷烟中的焦油及其他成分含量差不多。另有研究表明[10]，许多吸烟者认为，一般来说，使用"清香型"卷烟并不会减少危害，但是由于主观感受不同，他们还是认为"清香型"卷烟会减少有害物质的暴露。

与其他卷烟相比，在吸低害卷烟时，吸烟者会主观感受到有害物质的暴露更低，这与卷烟包装纸上的描述性语言及彩色标识无关[8-10, 21]。纵向研究表明，去除品牌描述，如"清香"、"柔和"和"低焦油"等，对吸烟者的主观感受没有产生持续影响，原因是许多吸烟者仍然相信烟味轻的卷烟危害较小[22, 23]。例如，55%的澳大利亚吸烟者、43%的加拿大吸烟者和70%的美国吸烟者仍然相信，与普通卷烟相比，低害卷烟对健康的危害较小。尽管制造商推出了新的术语（如"温和"、"良好"）和包装的颜色来表明卷烟的"更淡"或"更温和"[24-26]，仍有部分吸烟者受主观感受的影响，认为烟味轻的卷烟比普通卷烟更"温和"[9]。

吸烟时的感知

增加"低传送"卷烟的滤嘴通风、减少化学感应有时会使吸烟者感到不满，其原因是吸烟者"抽吸时的感觉"改变或者说使吸烟者感觉从卷烟中吸入足够量的烟气需要付出更大的努力。针对这一现象，烟草行业进行了大量的研究，研究结果表明，通过增加烟气中烟碱、挥发性醛、氨及其他成分和添加剂的含量，可以改善滤嘴通风对吸烟者感觉的影响[4]。氨和其他添加剂对卷烟特征的影响将在2.4.2小节和2.4.3小节进行详细描述。

2.2.2.3　物理尺寸（细支和超细支卷烟）

卷烟的长度和周长影响卷烟对吸烟者的吸引力，以及对于吸烟危害健康的主观感知。人们普遍认为细支卷烟可以增加时髦感，对女性更具有吸引力[12, 14]；烟草行业进行的相关研究表明这些特征已经被用于针对女性吸烟者。例如Philip Morris发现赶时髦的女性吸烟者将细支、长而轻的卷烟与女性气质和体重控制相联系[27]。Lorillard的消费者调查也表明100 mm细支卷烟的吸烟者认为这种烟的风格既女性化又优雅，且温和持久[27]。近期的一项研究显示，吸烟者常常会认为长度较长的卷烟更有吸引力，并且给人感觉其质量更好[15]。此外，Ford等[16]表明15岁以上的人认为细支和超细支卷烟的危害较小。欧盟委员会烟草制品指令草案提议禁止直径小于 7.5 mm 的卷烟，以减小由于烟草外观使消费者对其危害产生误解[28]，然而，该项禁令并未包含在《欧盟烟草制品指令》中[29]。

2.2.2.4 香精

有香味的卷烟通常会吸引年轻人和青少年，年轻人和青少年也是它的主要消费群体[30-32]。一项关于大学生吸烟者的研究发现，吸烟者对香味卷烟有着更高的积极期望，即使在非吸烟者中也如此[33]。例如尝试吸烟者、日常吸烟者及非吸烟者对 Camel Exotics 的积极期望高于 Camel Lights（$F(1421) = 38.4$，$P<0.001$），但在单独分析时，在非吸烟者中仅观察到了较小的影响（$F(1249) = 5.4$，$P<0.05$）。此外，还观察到香味卷烟的消极期望低于非香味卷烟，Camel Lights 的消极期望高于 Camel Exotics（$F(1421) = 8.2$，$P<0.01$），并且效果与吸烟状态无关。Logistic 回归结果显示日常吸烟者、易受影响的吸烟者和尝试吸烟者对香味卷烟有着积极期望，打算试一试这些品牌。例如受试者中打算尝试 Camel Exotics 的人是 Camel Lights 的 2.4 倍。这些研究结果与认为香味卷烟是"入门产品"的观点是一致的[32]。

薄荷醇是卷烟中最常见的香味添加剂，可能让人产生"温和"的感觉，从而增加吸烟的吸引力[33]。诸如薄荷醇、留兰香、薄荷、巧克力、杏、椰子和棉花糖等香精已用于解决女性关于后味和喜欢香味的问题[27]。

研究表明，香味卷烟的使用者主要是女性和年轻人，他们了解吸烟相关的健康风险并认为这些卷烟的危害比其他卷烟小[30, 34, 35]。

WHO FCTC 建议国家禁止或限制添加剂的使用，因为它们会增加卷烟的吸引力[36]。一些国家已经立法对添加剂的使用进行管制以减少相关产品的吸引力。

巴西（RDC ANVISA 第 14 号）和加拿大（第 C-32 号法案）已经禁止大多数香精的使用，而其他国家限制了产品或包装中香精的使用，使其不会有强烈的非烟草味道（如水果或甜食）。美国食品药品监督管理局已禁止了添加剂、人造香精和天然香精（烟草和薄荷醇除外）、草药、影响卷烟味道特征的香精的使用[37]。《欧盟烟草制品指令》还禁止除卷烟烟草及手卷烟烟草[38]以外的香精的使用，这些特征气味被定义为：由一种添加剂或多种添加剂共同产生的明显的除烟草以外的气味，包括水果、香精、药草、醇、糖果、薄荷醇或香草等，这些气味可以在消费烟草制品之前和过程中明显感受到。

2.2.3　影响使用者行为的卷烟特征

2.2.3.1　滤嘴通风

大多数吸烟者通过化学感应来优化烟碱的摄入量，以达到舒服的感觉并避免与烟碱戒断相关的厌恶感觉。因此滤嘴通风与随后的空气稀释将导致补偿性吸烟，如吸更多的卷烟、吸入更深和堵塞滤嘴通风口防止烟气稀释等[39-41]。吸烟者也会用手指或嘴堵塞滤嘴通风口，尽管许多淡烟和超淡烟的吸烟者并没意识到自己这样做了[18,42]。在刚从普通卷烟换到抽吸低害卷烟的吸烟者中，大多数都存在这种补偿性吸烟的行为[41]。与滤嘴通风相反，减少卷烟的烟碱含量，如低烟碱卷烟，不会导致这种补偿性吸烟[43]。

研究证实，烟气摄入量与焦油和烟碱传送的比例之间呈非线性关系，更大、更强烈的吸烟行为会减少卷烟滤嘴的滞留物并减少烟气稀释而在更大程度上改变烟气成分的浓度[44]。吸烟者认为他们所使用的卷烟产品有害物质传送较弱，实际上可以通过改变吸烟行为增加他们的暴露，如堵塞滤嘴通风口或吸入更大口，这对于高度通风卷烟品牌的吸烟者尤其重要，这种"品牌弹性"允许吸烟者通过调整其吸烟行为来有效调节烟碱的传递。这也是测量品牌具体烟碱和焦油释放量中存在的一个主要问题。不同的卷烟品牌有不同的弹性，且具有较大弹性的卷烟品牌有更大的市场份额[44]。行业研究人员早就发现吸烟者在改抽淡味或超淡味卷烟时，会通过改变吸烟行为来维持相当恒定的每日剂量的烟碱摄入[17]。此外，烟草行业文件显示，与其他设计特色（如多孔纸）相比，改变滤嘴通风是低害卷烟中常用的一种方式[10]，这些特色趋向于鼓励吸烟者吸更多的烟并减少低害卷烟的使用[39,45-47]。例如 Strasser 等[46]估算得到堵塞滤嘴通风的吸烟者的烟气成分暴露增加了 30%。Hammond 等[44]研究显示，转为使用低害卷烟的吸烟者每天的吸烟量增加了 40%（$P=0.007$），唾液中可替宁水平没有显著变化。这种补偿性吸烟的行为很稳定，在 5 天内没有观察到明显的减少。自我报告的"淡味"卷烟吸烟者认为自己的嗜烟程度较低，戒烟可能性比日常吸烟者更高，有强烈的戒烟意愿，但是缺乏对自己戒烟能力的信心。许多研究[41,48-51]通过检测暴露生物标志物，证明了低害卷烟吸烟者的烟碱和其他烟气成分的暴露并没有减少。总之，这些发现为吸烟行为可以补偿滤嘴通风提供了强有力的人群实验证据。

压降

"压降"是抽吸持续时间和抽吸容量的主要决定因素[47,52-56]。化学感应决定了吸烟者对达到满意烟量的感知，在口腔和上呼吸道感觉吸烟不足的情况下，促使吸烟者继续增加吸烟量直到他们感到吸烟量足够[4]。

含碳滤嘴

卷烟滤嘴中碳的存在可能会影响某些对吸烟者主观感受有影响的烟气成分的含量，从而导致吸烟强度的变化。Rees 等[57]将 Marlboro Lights 卷烟替换成含碳滤嘴的 Marlboro Ultra Smooth 和非碳 Marlboro Ultra Lights 卷烟各 48 h，发现含碳滤嘴的吸烟量明显多于 Marlboro Lights 卷烟（两组抽吸容量相差 2.4~13.6 mL；P=0.006）和非碳 Marlboro Ultra Lights 卷烟（两组抽吸容量相差 2.4~3.6 mL；P=0.007）。

2.2.3.2 物理尺寸

有关吸烟者吸入全长或部分长度卷烟的研究表明，卷烟长短可能会影响吸烟行为，如抽吸持续时间和抽吸容量[52-55]。一项研究报道，吸入整支卷烟与吸入半支、四分之一支或八分之一支卷烟相比，自我报告的吸烟"满意度"更高。在同一项研究中，吸烟者在抽吸正常长度的高烟碱（2.0 mg）或低烟碱（0.2 mg）的研究型卷烟时，往往比抽吸四分之一长度相同卷烟时的抽烟指数更少，但抽吸口数更多[56]。美国国家健康和营养调查研究对常规大小、特大号、长、超长等卷烟吸烟者的血清可替宁和尿总 4-(甲基亚硝基氨基)-1-(3-吡啶基)-1-丁醇（NNAL）的浓度进行检测。结果显示，与常规大小、特大号卷烟吸烟者相比，长卷烟或超长卷烟吸烟者的吸烟强度及上瘾程度更高（如吸第一支烟的时间，每天吸烟的数量），烟草生物标志物水平也更高（血清可替宁的几何平均数分别为 263.15 ng/mL 与 173.13 ng/mL 或 213.79 ng/mL；尿 NNAL 为 0.48 ng/mL 肌酐与 0.34 ng/mL 或 0.33 ng/mL）[52]。

2.2.3.3 香精

卷烟中的香精不仅对一些群体（如年轻人、妇女、特定种族群体）和非吸烟者具有潜在的市场吸引力，而且可能掩盖烟气的刺激性气味，使吸入更容易。

一项对 20 名抽 Camel Light 和 Camel Exotic Blend 卷烟（类似焦油、烟碱和滤嘴通风）的大学生的初步研究，主要研究了吸烟行为和卷烟等级差异[58]，结果显示，与吸 Camel Light 卷烟相比，Camel Exotic Blend 卷烟吸烟者每口的吸烟量较小（42 mL vs. 48 mL，$P<0.001$），但是两组的吸烟总量没有显著差异（613.9 mL vs. 630.7 mL，$P=0.79$），此外，两组的一氧化碳含量无明显差异（CO：6.2 ppm[③] vs. 6.2 ppm，$P=0.90$）。当受试者对每一支卷烟的强度、刺激性和口味等特征进行评价时，他们认为与其他卷烟品牌相比，Camel Exotic Blend 卷烟是最特别的，但口味等级没有明显差异。这些结果表明，在卷烟中添加香精不会对吸烟者吸烟产生显著影响。

尽管许多研究的结果是不确定的或相互矛盾的，薄荷醇仍被认为是一种可以改变吸烟行为的香精[33, 59]。一些研究表明，卷烟中添加薄荷醇与每日吸烟量或每口吸烟强度明显相关[60, 61]，而另一些研究则发现含薄荷醇卷烟吸烟者的抽吸频率[62, 63]和抽吸容量[63]与非薄荷醇卷烟吸烟者相似。Strasser 等[64]发现薄荷醇对吸烟行为、暴露生物标志物和主观评分的影响较小；然而，含薄荷醇卷烟吸烟者比非薄荷醇卷烟吸烟者每天抽第一支烟的时间早，这意味着使用薄荷卷烟的吸烟者对烟碱有更大的依赖性[61]。

研究表明，含薄荷醇卷烟吸烟者尝试戒烟更频繁，但戒烟成功

---

③ ppm, parts per million, 10^{-6}。

率低，这表明抽含薄荷醇卷烟比非薄荷醇卷烟更容易上瘾[65, 66]。另有研究表明，含薄荷醇卷烟在年轻人中被不成比例地使用，这可能与它们的口味、感观特性和更容易吸入有关[65]。尽管关于薄荷醇卷烟在初始吸烟中作用的研究较少[67]，研究表明在青少年中吸薄荷醇卷烟比非薄荷醇卷烟数量多，这说明薄荷醇卷烟在初始吸烟中是优选的[68]。

2.3 影响烟气释放物的卷烟特征

制造商可以通过多种方法来改变烟草烟气的组分[69]。世界卫生组织最近组织的一项技术报告[70]中提到了传统的燃烧烟草的卷烟，以及新型产品和产品特征（低引燃卷烟，潜在减少暴露的卷烟产品和低烟碱的烟草）。要确定每种卷烟特征对吸烟者的不利健康影响的程度是很困难的，因此一般的研究方法主要集中在降低有害物质的含量（每支或每"根"卷烟或每毫克烟碱）。基于有害物质的毒性和降低其浓度的可行性，世界卫生组织建议降低卷烟烟气中的9种物质含量——N'-亚硝基降烟碱（NNN）、4-(甲基亚硝基氨基)-1-(3-吡啶基)-1-丁酮（NNK）、乙醛、丙烯醛、苯、苯并[a]芘、1,3-丁二烯、一氧化碳和甲醛[71]。

2.3.1 烟草

烟草混合物是对烟气排放中各种化学物质的传递影响最大的卷烟成分[72]。烟草的每种特性都会影响它的膨松度（形成具有一定水分含量的卷烟条的能力）、燃烧速率、焦油和烟碱的传送、烟气中化学物质的含量、口味和香气以及阻燃率[73-79]。金黄烟草，又称烤烟或弗吉尼亚烟草，与其他品种相比，它具有含氮量低（即烟碱含量低）和含糖量高的特点。在周长一定时，弗吉尼亚混合烟草卷烟的产烟量比美式混合卷烟多[80]。含烤烟叶的卷烟比用白肋烟制成的卷烟烟气重，因此在卷烟的长度一定时，含烤烟烟叶的卷烟可以吸更多次[81]。随着烤烟烟叶在混合物中含量的增加，焦油和CO的产量也随之增加[82]；金黄烟草烟气中甲醛的含量比白肋烟中多[83]。在大多数卷烟中，NNN的浓度比NNK的浓度高；但是在金黄烟草中NNK浓度高于NNN[83]。

  白肋烟和马里兰烟通常是风干的，烟碱含量较高，而糖的含量较低。白肋烟中硝酸盐和TSNA的浓度明显高于其他类型烟草[84]。香料烟是通过晾晒制成的，由于其芳香性质，通常被划分到混合品种中[81]，它的苯酚含量比烤烟、白肋烟和马里兰烟更高[85]。与香料烟、烤烟相比，马里兰烟的焦油、烟碱、苯酚和苯并[a]芘的含量更低[85]。

  为了提高膨松度，对烟草进行膨胀、膨化和冷冻干燥等处理[86]。主要的处理物质是各种挥发性的物质，这些物质可以在处理烟草后迅速挥发除去，从而使烟草细胞结构得到膨胀[79]。这些处理后的烟草，也就是膨胀烟丝，可以用于填充卷烟，从而减少卷烟中未处理烟丝的使用量。但是，膨胀烟丝的使用也会改变卷烟烟气的释放。例如，与不含膨胀烟丝的卷烟相比，含有膨胀烟丝的卷烟烟气中烟碱含量较低[86]。随着卷烟中膨胀烟丝使用量的增加，一氧化碳与二氧化碳的比值以及气相醛（乙醛、丙烯醛）增加，颗粒相组分减少[69, 82]。含有膨胀茎的卷烟烟气中一氧化碳、氮氧化物、甲醛、焦油、苯并[a]蒽和苯并[a]芘的含量比膨化烟草、膨胀烟草或冻干烟草制成的卷烟烟气高[85]。

再造烟叶由烟叶副产品制成，这些烟叶副产品包括烟末（"细粉"）、烟梗和茎等，制造过程为首先进行提取分离，然后再用黏合剂、纤维将其制成匀浆，形成结构，再加入化学物质如保润剂和香精，最后干燥成不同密度[81, 87, 88]。再造烟叶成本低于烟叶，并且具有更强的填充能力，用它填充的卷烟烟料填充密度较小，这些卷烟的燃烧速率更快，每支卷烟能吸的口数较少，这些因素使得烟气中焦油和烟碱的传送减少[87, 89]。由再造烟叶制成的卷烟的烟气化学成分取决于再造烟丝是由茎还是由茎和其他烟草衍生材料混合制成的。与用茎和其他烟草材料混合制成的再造烟叶相比，单纯由茎制得的再造烟叶的烟气中氮氧化物、乙醛和多环芳烃的含量更高。但是，未使用再造烟叶的卷烟烟气中焦油、烟碱、CO、氰化氢和多环芳烃的含量比再造烟叶（由茎或茎和其他烟草材料制得）制得的卷烟要低[86]。

2.3.2 卷烟纸

卷烟纸不仅可以影响卷烟的无燃烧或静态燃烧率（即抽吸中所消耗的卷烟量）和阴燃率，而且对吸烟机测量的卷烟能吸的口数及烟气产量有很大的影响[79, 81]。

卷烟纸中影响烟气释放量和成分的可控因素包括：纤维组成、填充物类型、等级和分布，厚度和体积密度（标准纸或用于减少引燃倾向的较厚条带，"防火"卷烟），孔隙度（如下所述）以及化学物质或添加剂的类型及含量[90]。

卷烟包装纸可以通过以下几种方式来影响烟气组成：直接将包装纸或燃烧成分引入主流烟气；烟气成分通过包装纸扩散；空气通过包装纸进行扩散；改变燃烧锥和周围气流的速度、体积以及分布；改变每口吸烟的燃烧量[69]。

除了滤嘴通风以外，降低烟气产量的最常见手段是改变卷烟纸的孔隙率[91]。孔隙率是纸张在压差下对氧气和烟气的渗透率，它会影响燃烧速度、抽烟的口数和每口吸烟的燃烧量。纸张的孔隙率是由纤维素纤维和碳酸钙的黏合结构产生的开口（孔隙）的大小（孔隙容积）决定的，它会影响口感、烟气传送和稀释度[80, 90, 92]。烟草科学研究合作中心（CORESTA）规定美国卷烟的孔隙率通常在30~50个单位范围内[79]。

卷烟纸的孔隙率会影响卷烟的燃烧温度，随着孔隙率的增加，燃烧温度降低[93]，并且因为静态燃烧速率增加，卷烟消耗速度更快。在吸烟机吸烟条件下，得到的结果是吸烟口与口之间消耗的烟草更多，吸入的烟气量更少，且烟碱、焦油和CO的产量更低[82, 91, 94]。极易挥发烟气成分（如CO）很容易通过多孔包装纸扩散出去，与低挥发性成分相比，它们可以在较低浓度时挥发[94]。此外，随着纸张孔隙率的增加，苯并[a]芘的输送量减少，其原因是在抽吸过程中消耗的烟草量较少，而在抽吸之间的间歇中消耗的烟草量较多[81]。

2.3.3 滤嘴

最常用的卷烟滤嘴是由醋酸纤维素、纸或两者混合制成[81]，大约90%的滤嘴使用了卷曲醋酸纤维素纤维（"丝束"）。

卷烟滤嘴有助于控制压降，吸收烟气以及去除烟气中的微粒物质。它的过滤机制有以下三种：对颗粒物进行机械捕获，冷凝然后吸附或以气相的形式在颗粒与滤嘴之间传递。醋酸纤维滤嘴对烟碱有负选择性，滤过后卷烟的烟碱平均粒径比未过滤的卷烟小[95, 96]。因此，含有醋酸纤维滤嘴卷烟的主流烟气中烟碱量可能高于未经过滤的卷烟烟气中的含量。颗粒较小可能意味着在吸入颗粒中有更大比例进

2. 卷烟特征和设计特色

一步传播至肺部[83]。

纤维滤嘴的使用可以使烟气中半挥发性和非挥发性物质的含量显著降低，气相化合物的含量轻微降低，但不会降低总的气体含量[97]。对吸烟机抽吸卷烟的研究表明，醋酸纤维素滤嘴能去除的成分包括水（60%~75%）、甲酚（70%~75%）、颗粒物（35%~40%）、挥发性 N- 亚硝胺（≤75%）、丙烯醛（减少到"有限程度"）、苯酚（70%~80%）[85, 91, 98]。

2.3.3.1 滤嘴通风

滤嘴通风指的是空气通过不与烟丝重叠的接装纸再进入卷烟[99]，它是通过一个多孔滤棒成型体和穿孔 / 多孔接装纸来实现的，通风或稀释的程度取决于滤棒成型体的孔隙率、接装纸的穿孔 / 孔隙率和穿孔的位置[81]。卷烟的通风率范围为10%(一些全香卷烟)~80%(低传送品牌)[100]。但是当吸烟者吸烟时，他们的嘴或手常会有意或无意地堵住通风口，这使得通风滤嘴的设计无法发挥作用[10]。这里所叙述的有关滤嘴通风这个设计特征的信息均是理论上，信息源自于吸烟机吸未遮蔽通风口卷烟的相关研究。当吸烟机在高强度吸烟（更大的抽烟体积、通风口被阻塞）下吸高度通风卷烟时，烟气的排放水平可能等于或超过国际标准化组织（ISO）中全香卷烟吸烟机在吸较低通风卷烟且通风口未被堵塞时的排放量[101]。

滤嘴通风使得烟草燃烧更充分，并且滤嘴中的醋酸纤维素可以更好地保留颗粒物[85,86]。颗粒物的传送和蒸汽 / 气相传送都会减少，它们通常与通风程度成正比[81]。然而，通风的效果并非完全是由于烟气被稀释了，因为某些化合物的排放量出现了增加或减少，而另外一些物质，包括总烟碱的排放量保持相对不变[34]。

2.3.3.2 吸附过滤材料——炭

卷烟滤嘴中可包含过滤助剂，如炭和其他固体或液体添加剂，主要用于选择性过滤排放物[81]。炭颗粒、硅胶和氧化铝是滤嘴中常使用的固体吸附材料[95]。

炭可以有效地吸附沸点介于 0~100℃ 的化学物质（如乙醛、丙烯醛和氰化氢），并能除去沸点高达 150℃ 的一些化学物质[98]。根据吸烟机的条件，含碳（炭）滤嘴可以显著降低烟气中的半挥发性和气相化合物的含量，并能降低非挥发性化合物的水平[97, 102]。通过炭的过滤，气相中分子量较低的一些化合物（例如苯酚、甲酚、对苯二酚）的含量水平降低的比大分子量和低挥发性化合物多（例如苯并[a]芘、TSNA）[103]。但尽管据说涂有金属氧化物混合物的炭能有效去除酸性气体[81]，含炭滤嘴通常不会降低烟气中的低分子量气体的含量[97]。

去除效率取决于炭的含量、吸烟机吸烟的条件（吸烟强度）和含炭滤嘴的使用年限[97, 103]。例如，标准含炭滤嘴的氰化氢保留量随卷烟的使用时间增长从 0 周的约 38% 降至 8 周的约 25%[97]。吸烟机在深度抽吸含滤嘴卷烟（约 45 mg 炭）时，焦油、烟碱和 CO 的释放量以及吸烟机在较低强度的 ISO 吸烟条件下测得的挥发性成分的减少量与醋酸纤维素过滤卷烟相比没有显著降低，其原因是炭的含量不足。使用含炭量更高的滤嘴（120 mg 或 180 mg）后，无论是在高强度吸烟还是低强度吸烟的条件下，这些物质的含量均显著减少[103]。

与天然炭孔隙结构不同的合成高活性炭目前已经应用于实验卷烟的滤嘴中，它的使用方式为单独使用或与处理过的烟草和替代滤嘴通风组合在一起使用。卷烟周长的范围为 17~24.6 mm[104]，其中细支卷烟的滤嘴中含炭量较低（17 mm 卷烟，滤嘴长度为 27 mm 或 33 mm，含炭量为 20.4 mg 或 30.6 mg，对照组为 24.6 mm 卷烟，滤嘴长度为 27 mm、33 mm 或 37 mm，含炭量为 48 mg、72 mg 或 88 mg）。当含炭量增加时，较大卷烟产生的焦油量降低，但 17 mm 细支卷烟产生的焦油量反而增加。随着含炭量的增加，烟叶中许多挥发性组分的产率显著降低，特别是异戊二烯、乙醛和丙酮，另外吡啶、甲醛和苯乙烯的减少量较小。当含炭量增加时，17 mm 卷烟中的氰化氢和 1,3-丁二烯的产率没有显著变化。由于细支卷烟的燃烧速度快，含炭量较低，因此使用含炭滤嘴的细支卷烟的挥发性烟气成分的释放量高于较粗的卷烟。挥发性化学物质的减少与炭的含量水平一致，该研究的作者认为原因是高活性炭有效地降低了卷烟滤嘴中一些有害物质的产量[104]。

2.3.4 物理尺寸

2.3.4.1 直径和周长

传统卷烟的直径通常为 7.5~8 mm，细支卷烟的直径约为 5 mm 或 6 mm[83]。烟草的消耗量取决于卷烟的周长，焦油和 CO 的产量也随着卷烟周长的增加而增加[105]。有醋酸纤维素滤嘴且周长较小的卷烟的烟气排放量相应减少[83]。

2.3.4.2 长度

卷烟长度一般可分为四类："常规"，68~70 mm，无滤嘴；"特大号"，79~88 mm，有滤嘴；"长"，94~101 mm，有滤嘴；"超长"，110~121 mm，有滤嘴[83]。研究表明，当在保持填充密度不变的条件下减小卷烟周长时，可用于燃烧的烟草量减少，燃烧过程中相对的氧气使用量则会增多[85,86]。此外，当卷烟的周长减少时，可供使用的烟草量减少，烟气排放量也相应减少[106]。

当烟气通过未燃烧的卷烟被吸入时，在卷烟条的过滤下，一些化学物质会被滤过[98]。此外，烟气中的大多数成分都是在燃烧产物从卷烟燃烧区移动到较低温度和低氧气区的过程中产生的，特别是半挥发性化合物。例如，多环芳烃主要产生于点燃卷烟的较低温度区域。在烟气向卷烟的嘴端移动的过程中，烟气会被烟丝冷凝和过滤[107]，随着卷烟长度的减少，卷烟条对烟碱的过滤量也会相应减少，但是大家普遍认为卷烟条对烟气凝结物的过滤量与卷烟条的长度无关[108]。

2.3.4.3 填充密度

卷烟长度对卷烟组分的中介作用取决于烟草的填充密度[69]。增加填充密度会使吸烟过程中燃烧更多的烟草，从而使得主流烟气中化学物质的排放量增多，然而，如上文所述，烟气中的一些成分也会经卷烟条滤过。一项研究用吸烟机抽吸长度一定但填充密度不等的卷烟，结果显示，与低填充密度的卷烟相比，填充密度高的卷烟的烟碱和烟气冷凝物的产量都较低[108]。

2.3.4.4 超细支卷烟

当卷烟的周长减小时，可以消耗的烟草量随之较少，相应的烟气释放量也会减少[106]，如周长小于常规卷烟 24.8~25.5 mm 的卷烟（例如 ≤23 mm）[85]。研究显示在机械吸烟条件下，减少周长会引起总输送量和每次吸烟输送量的减少[79]。

在填充密度不变的条件下，减少卷烟周长将会使可用于燃烧的烟草总量减少，并增大燃烧期间消耗氧气的相对量。据报道，这会引起烟气中某些物质的释放量减少，具体包括焦油、烟碱、CO 和一

2. 卷烟特征和设计特色

些挥发性烟气成分。例如，当卷烟周长从 26 mm 减少到 21 mm 时，每口烟中的 CO 量减少约 20%，苯并 [a] 芘减少约 40%。但是，在相同的吸烟条件下，随着卷烟周长的减小，主流烟气中的氰化氢水平变化不明显。另有研究表明，随着卷烟周长从 26 mm 变为 23 mm，吸烟机产生的烟气中烟碱的排放量从 1.56 mg 减少到了 1.21 mg [85, 86, 109]。

最近一项研究对加拿大销售的六种超细支烤烟（直径 5.3~5.4 mm；周长 16.7~17 mm；长度 83~99 mm；烟草质量 296~371 mg）的释放物成分进行了分析，结果显示除甲醛、氨和酚外，超细支卷烟释放物中有害物质的含量均比常规尺寸的卷烟低，其原因可能是烟草含量较低和抽烟次数较少。超细支卷烟甲醛释放量增加的原因是周长与横截面面积的比值增加，使得在吸烟过程中有更多的烟草与周围空气接触发生氧化反应。减少卷烟周长会增加燃烧温度，这会使得酚类的释放量增多[109]。此外，减少卷烟周长也增加了流速，这将会减少烟气从点燃区域到烟嘴端的时间，从而影响卷烟条和滤嘴的过滤效果[110]。

使卷烟条过滤和滤嘴保留减少的因素可能会引起烟气释放量增加。超细支卷烟的烟气流速是标准圆周卷烟的两倍以上[110]，随着烟气流速的增加，颗粒截留减少，气相化学物质在卷烟纸中扩散的时间也减少。烟气流速会负向影响卷烟滤嘴对颗粒物的保留和对蒸气的吸附[110, 111]。它对气相化学物质吸附的影响大小取决于该化学物质的量和性质（分子量和反应性）以及与吸附材料的接触时间[110]。例如，在烟草质量保持不变的条件下，氰化物的过滤保留随着卷烟周长的减小而急剧减小，表明随着卷烟周长的减小，空气流速相应增加，进而影响了化学物质如氰化氢的形成[98, 112]。用吸烟机吸有含炭滤嘴（每个滤嘴 15~90 mg）但没有通风口的实验性混合烟草超细支卷烟时，若要吸附大约 50% 的烟气组分，吸烟强度为加拿大深度抽吸时需要的炭的用量为 ISO 条件时的两倍多[110]。

跟烟气输送有关的卷烟设计特征具有复杂性和相关性，故很难提出具体的设计标准。要明确改变卷烟设计特征所导致的结果，还需要有更多的信息来支持。此外，由于对个别卷烟组分的变化知之甚少，因此难以估计它们之间的相互作用[79]。综上所述，将研究重点放在影响吸烟行为（如每口吸入量）的卷烟设计特征和产品特性上可能是一个合适的方法。虽然人们普遍认识到的一些众所周知的卷烟设计特征如滤嘴通风可以导致补偿性吸烟，但是其他一些特征，如卷烟纸的孔隙率和烟支的性能也会影响烟气稀释和传送，在烟气量固定的条件下，会导致吸烟者吸入更多的烟碱和其他烟气成分。然而，烟草制造商可以调整其他设计特征来补偿释放量的变化，例如更换符合防火标准的卷烟纸同时可以保持焦油和烟碱的传送水平不变[113,114]。因此，旨在降低释放量的产品标准应以释放结果为基准，而不应基于预期可以降低释放的产品设计改变。

2.4　可改变烟气 pH 和成瘾性的设计特色和添加剂

2.4.1　概述

烟碱是烟草中主要的致瘾性物质，它决定了吸烟者的"满意度"和吸烟的"生理"劲头[72, 87]。用多种方式可以增强烟碱的成瘾性，例如增加烟气中总烟碱的含量，增加吸入量和控制吸入的"温和度"。在烟叶中，烟碱主要以质子化盐的形式存在，较高的 pH 可以增加烟碱的去质子化[115]。非质子化（挥发性）或游离态形式存在的烟碱比质子化（非挥发性）形式的烟碱[116]不仅更具有"生理效应"，且可以更迅速地吸入，其机制主要有以下两种：因为它存在于烟气的挥发相中，所以不必从烟气中扩散出去；非质子化形式的烟碱具有更强的亲脂性，可以迅速扩散穿过细胞膜进入血液[117, 118]。

烟碱的非质子化（不是可传送烟碱的总量）主要受卷烟烟气酸碱度的影响。当吸烟者吸入含有游离烟碱的烟气时，与吸入柠檬酸盐化的烟碱相比，有更大的电生理和主观反应[116]。工业文献表明，非质子化烟碱的存在可以确保卷烟烟气有良好的感官效应（称为"影响"）[119-122]。然而，关于 pH 对非质子化烟碱的影响也存在着一些争议，目前已经有相关的文章发表，且有学者正在尝试对它进行实证研究。Calicutt 等[123]对实验卷烟进行了分析，结果发现氨含量有差异，而烟碱的含量没有显著差异。改变卷烟的氨含量只会影响游离烟碱，而不会影响传送的总烟碱量。此外，由于人体能有效吸收吸烟气中的大部分烟碱，所以烟碱的吸收量与烟碱吸收率几乎无关。Van Amsterdam 等[124]让受试者吸含氨量不同的实验卷烟（0.89 mg/g 和 3.43 mg/g），然后采集受试者的静脉血进行分析，发现烟碱暴露无明显差异，但是由于第一个样品是在吸烟后 2.5 min 时采集的，故无法反映游离烟碱的吸收情况。

2.4.2　氨、糖和再造烟叶

氨，又称"改良剂"、"增效剂"和"满意促进剂"[125]。它是一种活性物质，将其添加到烟草混合物中会引起复杂的变化[126]。向烟草中添加氨和氨前体化合物如磷酸二铵可增加颗粒物和蒸气中非质子化烟碱的含量[127]。氨或磷酸二铵常用来生产重组片，因为它们能与果胶反应,与烟碱形成稳定的络合物。吸烟过程中产生的高温会使该络合物发生分解,从而增加了烟碱向烟气中的转移,也就是"烟碱转移率"[128]。烟碱的水解依赖于温度,因此增加烟碱释放时的温度可以增加非质子烟碱的水平[129, 130]。氨可以刺激味觉感受器、嗅觉末梢和三叉神经,产生刺激性感觉[131],但是它可以与烟气中存在的酸迅速反应,从而减小它的刺激性作用。酸与烟碱反应形成盐后,在热解过程中会释放更多的游离烟碱[132]。工业文献中对烟草烟气中的总碱性组分(吡嗪类、吡啶类和生物碱类)和总酸性组分(有机酸、苯基酸、酚酸类和脂肪酸)进行了总结,发现其中大部分成分是碱性的。在再造烟叶的制造过程中,磷酸二铵可以与还原糖反应生成Maillard反应产物脱氧果糖[133],这些产物热解后可以产生几种吡啶和吡嗪,从而对烟气的口感和碱度产生影响[134, 135]。在烟草烟气中已经发现了数百种碱性物质,其中大部分是与烟味有关的氮杂环,它们可能是在氨和糖的反应中生成的,它们的存在也可能会影响烟气pH[136, 137]。白肋烟中存在的高水平的氨基酸也能与糖反应生成类似的弱碱性化合物[138, 139]。糖的主要热解产物是乙醛,它能与烟碱发生协同作用增加卷烟的成瘾性[128, 140]。

2.4.3 其他成分

氨不是烟气中唯一能够使烟碱脱质子化和与糖形成Maillard反应产物的物质:烟气中存在其他几种物质也有利于非质子化烟碱的形成。行业文献表明,尿素-脲酶系统可以通过热解将尿素分解成氨提高烟气pH[141, 142]。此外,无机阳离子如钾和钙也能提高烟气的pH。由于磷酸二铵在一些国家已经禁止使用,因此,其他一些物质如碳酸钙被用来增强烟碱传递[142]。由于烟气中碱性金属如钾和钙的含量可以通过使用肥料固化或者直接添加的方式来调节，因此在常规分析中很难区分它们是天然的还是后期添加的。此外，还可以通过在卷烟滤嘴中添加钙和碳酸钠的方式来提高烟气 pH，采用这种方式不需要向烟草填料中添加碱性物质[143]。这种碱性滤嘴有利于烟碱的释放，可以将挥发性烟碱释放到烟气中[144]。当吸烟者感觉到烟气较重时，他们会减少吸烟的深度。使用乙酰丙酸和甘草等添加剂可以使烟气更平滑，从而更具有吸引力[145]。尽管可可和薄荷醇等添加剂的使用不会增加烟气 pH，但是会使支气管扩张，从而增加烟气吸入的深度和体积，促进总烟碱吸收[146]。此外，可可的燃烧产物可能具有单胺氧化酶抑制特性，有抗抑郁作用，可以在烟碱存在或不存在的条件下促成吸烟成瘾[142]。

2.4.4 烟丝配方和物理特征

在没有化学添加剂的情况下，烟丝配方的差异，包括膨化烟草、烟叶在茎上的位置都可以改变烟气的 pH 和化学性质[147,148]。当 pH 为弱酸性（6.5~7）时，吸烟者会吸收约 7% 的烟碱；当 pH < 6.6 时，吸收的烟碱更少[131]。烤烟和美式混合卷烟的酸性较弱，pH 为 5.7~6.2。通过空气晾干烟叶制得的卷烟的烟气 pH 为 6.5~7.8[86]，而白肋烟的烟气 pH>7.5。制造白肋烟所用烟叶在烟株中的位置对烟气中的总烟碱量及 pH 有很大的影响：位置较高的烟叶中烟碱含量较高，碱性更强；仅用白肋烟烟草制成的卷烟的非质子化烟碱传送更加有效，但是吸烟者可能会感觉烟味较重。降 pH 糖的添加可以掩盖烟气的粗糙程度，从而控制混合物中非质子化烟碱的传送[149]。添加了碳酸铵的膨化烟草在燃烧时可以将氨释放到烟气中，因此不需要额外添加氨[142]。包含茎的膨化烟草不仅硝酸盐含量比只含有叶的膨化烟草高，而且在吸烟期间硝酸盐被部分地还原成氨，因此它还会对烟气的 pH 产生影响[86]。此外，卷烟的某些特征，如卷烟纸的孔隙较多和滤嘴通风，也能使烟气 pH 升高。尽管烟气 pH 和烟碱含量随着滤嘴通风量的增加而增加，但其机制尚不明确。通过滤嘴通风口的空气可以充当"气体干燥剂"，使气溶胶中的水分减少，pH 增加，从而使气相中的非质子化烟碱的含量增加[138]。通风量也会影响烟草的燃烧速率[139]，增加通风可以改变焦油与烟碱的比值[150]，这两种机制都会使烟气 pH 和非质子化烟碱含量升高。

2.4.5 测量"烟气 pH"

由于气溶胶中的 pH 无法测量，因此，烟气 pH 常在水溶液中测量[149]。测量烟气 pH 时，乙腈常被用于比较不同品牌卷烟之间的差异，它有助于追踪卷烟酸性和碱性特性的变化对感官效果的影响[151]。目前，用于测量烟气中非质子化烟碱的非工业方法有：对剑桥滤片（CFP）上收集的颗粒物进行顶空分析；对收集的样品进行气相色谱（GC）-质谱（MS）分析[152, 153]；对收集的颗粒物质进行核磁共振波谱分析[154]。

所有分析动态反应（如卷烟条、卷烟滤嘴和烟气气溶胶之间的烟碱分配）的方法都存在一定的缺陷，它们充其量只能够反映出不同品牌卷烟之间的相对差异。然而，由于氨技术在几十年前已经成为工业研究的热点，因此烟草工业依赖于这样的相对测量。

2.5 可能影响感观和传送的创新

2.5.1 概述

在本节中，根据科学文献和其他来源的出版物，如网站、烟草行业文献和专利，描述了可以影响感知或传送的创新，这些创新或最近已经被市场化，或正在开发。

世界卫生组织 TobReg 第七次会议关于新型烟草制品（包括潜在的"改变危害"的产品）演变的背景文件中[155]对市场上传统卷烟产品的变化进行了描述，如滤嘴中的薄荷醇胶囊和无添加的有机卷烟。目前，一种新型的烟碱含量很低的卷烟已经开始市场化，在 ISO 吸烟条件下，它的烟碱释放量小于 0.04 mg，但是焦油含量为一般水平。该文件还介绍了技术的发展过程，包括几种新类型的再造烟草和新型过滤器。据称这些新技术的发展可以减少暴露，但是支撑这些结果的大部分研究都是由业界进行并发表的。烟草替代薄片材料的使用可以减少混合物中的烟草用量，且对烟草混合物进行一些处理，降低诸如蛋白质之类的有害物质前体成分的水平。据报道，改良滤嘴可以通过与烟气成分反应或选择性滤过烟气的方式，降低主流烟气中有害成分的含量，如在滤嘴中加入可以与醛和氰化氢反应的氨基树脂以及炭。大部分报道的可以选择性降低主流烟气中有害物质水平的产品都采用了这种方式，但在某些情况下增加了其他有害物质的水平。由于吸烟者必须吸入足够量的烟碱，因此卷烟中有害物质的水平应表示为单位烟碱含量，但是很多文献中都没有报道具体的烟碱释放量。有报道称部分产品的体外毒性较低或暴露生物标志物的含量较低[155]。但是，消费者普遍认为，这些产品与传统卷烟相比更令人难以接受。因此，很难评估这些新技术的净效应。在对 2.5.5 小节所述的新型烟草研究进行评估时应考虑这些问题。2.5.2~2.5.5 小节总结了自 2013 年 10 月以来的创新，并且对背景文件中提到的文献进行了检索[155]。

2.5.2 低烟碱卷烟

与含有减少烟气烟碱含量设计的卷烟（例如有滤嘴通风）相比，在 ISO 吸烟条件下，测得低烟碱卷烟烟草填料中的烟碱含量较低。近期，"Magic" 牌低烟碱卷烟（每根卷烟含烟碱 0.04 g）开始在西班牙的烟草店出售，并且声称其不含烟碱。根据欧洲法规所要求的卷烟制造商在每包卷烟上最接近 1/10 的地方标出烟碱释放量，"Magic" 牌低烟碱卷烟在包装上突出标注了 "0 mg 烟碱"[156]。

标准戒烟治疗包含两部分，分别是行为支持和药物疗法（伐尼克兰或烟碱替代疗法）。近期以来，无烟碱卷烟常被用来辅助戒烟。研究表明，使用无烟碱卷烟辅助戒烟组在治疗 1 周和 4 周后戒烟率比标准戒烟治疗组较高，分别是 70% vs. 53% 和 58% vs. 3%。但是在治疗 12 周后，两组的戒烟率无明显差异，为 39% vs. 31%[157]。另一项研究对 840 名每天吸烟量为 5 支及以上的吸烟者进行了研究，研究结果表明在进行实验 6 周后，低烟碱卷烟组的每天吸烟量（约 16 支）少于正常卷烟组（对好几种不同类型卷烟进行测试，约 22 支），并且在低烟碱卷烟组未观察到明显的补偿性吸烟[43]。然而，由于受试者常常在非研究时段吸烟，因此他们的烟碱暴露水平可能并未减少。此外，研究人员还对吸烟方法进行了研究，如逐渐过渡至直接过渡到低烟碱卷烟，或将卷烟与烟碱贴片相结合。

2.5.3 彩色卷烟纸

一些卷烟品牌的卷烟纸为彩色的（图 2.1），包括 Ziganov Colours（粉红色、深粉色、黄色、绿色和紫色）、Ziganov Black、Sobroui Cocktails、Fantasia、Black Devil、Pink Elephant、Nat Sherman Fantasia 以及 Vanity Fair 等。彩色卷烟管可用于手卷烟[158]。

图 2.1 彩色卷烟纸

一篇网站文章描述 Sobranie Cocktails "有 5 种柔和的颜色和 5 个黄金箔滤嘴，环规与标准卷烟相同。与 Nat Sherman Fantasias 不同的是，它更纤细且使用了更深的原色"[159]。这种类型的卷烟"特别适用于女性，它纤细的特征和明亮的颜色吸引了很多女性"。

与卷烟包装设计相比，有关卷烟颜色的研究很少。如 2.2.2.1 所讨论的，颜色鲜艳的卷烟可以使人产生兴趣，人们通常认为它们有吸引力、口味淡且危害小[14]，而黑色卷烟纸对人的吸引力较小，并且人们常认为它们烟味重且危害大。

世界卫生组织 FCTC 建议各国禁止或限制烟草制品使用能对消费者产生吸引的特征，包括彩色卷烟纸。"为了使产品更具吸引力，在烟草制品的各种成分中加入着色剂。在一些国家，有吸引力的彩色卷烟（例如粉红、黑色、牛仔蓝）已经上市。着色剂包括油墨（例如，在接装纸上的仿软木图案）和颜料（例如过滤材料中的二氧化钛）。"[36]

2.5.4 特色滤嘴

卷烟材料供应商供应的滤嘴类型有很多，表明烟草行业在这方面有需求。例如，Hauni Maschannbau 公司有 18 种不同的视觉效果、滤过特性、味觉增强和交互性的滤嘴[160]。在制造滤嘴时，可以使用很多元素及其组合，如木炭、中空形状（如形状像心脏一样）及彩色滤嘴等。此外，还能在滤嘴中添加烟草、口味胶囊、草药和植物颗粒等。可以通过在滤嘴丝束中直接添加香精线或喷洒香精的方式使卷烟产生不同的口味。并且可以对香精线进行上色从而"创造更独特的外观"。

Essentra Filter Products 公司也生产了各种各样的滤嘴，如感官滤嘴（在滤嘴中直接使用胶囊，香精线），土调滤嘴（在环境中可以更快降解），性能滤嘴（高滤过效率、选择性），视觉差异滤嘴（"使用视觉外观来表明口味，特定的产品属性，商标标识，或者区分品牌"）[161]。还可以在滤嘴中添加含有薄荷醇等成分的有色香精线，被称为"味觉传递技术的视觉指示器"。例如，美国 DJ 混合香味卷烟不仅有彩色包装，而且用了不同颜色的滤嘴，通过这种方式来反映产品风味（例如，草莓红和苹果绿）。Marlboro Black Freeze（墨西哥）卷烟滤嘴中有薄荷醇条，在它的卷烟纸上也有相同的条纹符号。

2. 卷烟特征和设计特色

新的《欧盟烟草制品指令》2014/40/EU[29]在第七节成分管制中提到禁止在滤嘴和卷烟纸中使用调味品、烟草或烟碱："成员国应当禁止在滤嘴、卷烟纸、包装、胶囊等任何组件中含有香料或是通过技术手段改善烟草制品吸味、吃味或烟气度的烟草制品投放市场。滤嘴、卷烟纸和胶囊中不能含有烟草或烟碱。"

新型烟草制品的背景文件对香味胶囊进行了描述[155]。据业内报道，卷烟滤嘴中的香味胶囊可以破碎，从而释放出一阵香味[162]。胶囊通常含有薄荷醇或类似味道的香精，如柠檬薄荷，这种胶囊可以用于许多不同类型的卷烟；有时，在一个滤嘴中会含有两种不同口味的胶囊。一项有关澳大利亚、墨西哥和美国吸烟者的研究表明，香味胶囊对年轻人最有吸引力，含有香味胶囊的卷烟的使用呈上升趋势，这与年轻人对它危害的误解有关[162]。一项关于不吸烟和偶尔吸烟的年轻女性的研究表明，她们认为含有香味胶囊的卷烟很有吸引力[14]。他们欣赏新奇，喜欢味道从"一般"转变为薄荷醇这个过程。正如一项研究结果所示：卷烟包装不仅会影响它对消费者的吸引力，而且会影响消费者对其危害和口味的看法，该结果表明，实际的卷烟也可以这样做。

最近两项有关 Camel Crush 的研究结果表明，压碎薄荷脑胶囊对主流烟气中的颗粒相组分没有明显影响。Gordon 等[163]使用实时检测器检测不仅发现了薄荷醇递送增加，而且发现几个气相组分的产量也增加了，特别是五种挥发性有机化合物（VOC）乙醛、丙烯腈、苯、1,3-丁二烯和异戊二烯。但是 Dolka 等[164]在菲利普·莫里斯使用甲醛冷却冲击器采集气相成分，分析并未发现这几种物质产量的增加。

2.5.5 烟草行业对特殊滤嘴和再造烟叶的研究

许多以减少卷烟中有害物质释放为目的的技术不断被开发出来，这类技术具体包括：滤嘴吸附剂、混合烟草处理和烟草替代薄片。英美烟草公司研究了改良滤嘴通风、改变卷烟圆周、活性炭滤嘴长度和负荷及这些特征的组合对减少有害物质释放的效果[104]。有一种名称为"分流翻转"的空气稀释机制，在两个独立的接装纸之间有一个间隙，可以露出过滤器，并用一个多孔纸带包裹，可以最大限度地减少人吸烟期间高流速下发生的有效滤嘴通风的损失，并有助于挥发性有害物质的扩散。对它的研究结果表明，除了含有 1 mg 焦油的卷烟外，有害物质与主流烟气中烟碱的比例降低。

英美烟草公司的另一篇文章中描述了由 50% 混合烟草、15% 烟草替代薄片、聚合物衍生活性炭和分离式倾翻组成的实验卷烟产生的颗粒物质的遗传毒性和体外细胞毒性评估[165]。结果发现与具有标准醋酸纤维素过滤器、接装纸的混合烟草（3R4F，美国风格的混合产品；M4A，一种烤烟）的对照卷烟相比，实验卷烟组的细菌致突变性和哺乳动物遗传毒性降低，而两组卷烟的细胞毒性无显著性差异。

一项由广东烟草工业公司资助的研究描述了在二氧化硅表面使用特定的滤过添加剂和以烟碱为模板的分子印迹聚合物吸附主流烟气中 TSNA[166]，与对照组卷烟烟气相比，TSNA 水平降低了 41%。这项研究中的结果表明可能发生了选择性吸附，因为焦油水平保持不变，烟碱水平没有报道。

Cultex Laboratories GmbH 和日本烟草公司的一项研究表明，在标准 ISO 条件下吸烟时，具有集成木炭滤嘴的 K3R4F 卷烟的烟气对正常支气管上皮细胞纤毛的毒性低于常规 K3R4F 卷烟烟气[167]。木炭滤嘴去除的 VOC 会影响原发性细支气管上皮细胞纤毛的形成。病理组织学结果显示暴露会使纤毛细胞较少，纤毛长度变短，最后，暴露于卷烟烟气的细胞纤毛消失。对于暴露于木炭过滤卷烟烟气细胞，在第 4 次暴露后可以观察到纤毛长度的微小变化，但在 2 天恢复期后则未观察到该改变。

在 Philip Morris 的一项专利中介绍了一种含有高温氨释放剂的烟草混合物和卷烟包装材料的研制[168]。所描述的铵化合物被称为"可有效减少吸烟过程中形成的气相或颗粒物质的细胞毒性"。

虽然研发出的一些新型卷烟的主流烟气中有害物质的吸烟机产率比传统卷烟低，且体外毒性较低，但是要得出它们健康风险较低的结论仍需要大量的科学数据来支持。在评估设计变更对降低人类风险方面的作用时，必须考虑消费者对产品的接受性，以及它对吸烟行为的影响和是否实际降低了暴露量如评估生物标志物。

2.6 对设计特色的公众健康影响进行科学评价的研究

如上所述，大量的证据已经证实，卷烟对人的吸引力、成瘾性以及烟气中有害物质的传送都与卷烟的物理特性和设计特征密切相关。其中对某些特征的研究明显多于其他特征。如有大量有关滤嘴通风对消费者感知的影响，以及吸烟机产生的释放物和吸烟者的暴露等的研究和报道。此外，有关低烟碱卷烟（0.4 mg/g 烟碱的烟草填充物）在促进戒烟方面的研究数据也有很多。一项对过去和待开展研究的系统综述提供了很多信息。但是，在任何条件下都不应该把它用于促进吸烟。由于消费者感知、行为和烟气化学之间相互作用的复杂性，现有的数据不一定能够清楚地反映出物理特征减少有害物质释放、保护健康的机制。因此，还需要进一步研究，为卷烟监管控制提供科学依据。

卷烟物理特性、烟草类型和添加剂对人体暴露的影响具有复杂性，且暴露与吸烟者的感知和行为有关，因此，研究应采取综合措施来明确具体的卷烟设计如何影响结果，包括吸烟机烟气传送，吸烟者的信念、吸烟方式以及暴露情况。

有关设计特色对烟气排放的影响应该始终包含烟碱水平。因为吸烟者需要吸入足够量的烟碱来满足他们的烟瘾，因此设计特色对释放的影响应该以每毫克烟碱的形式报告[2, 70]。游离碱烟是生物利用率最高的烟碱形式，因此国际标准的定量检测游离烟碱或确定游离烟碱与质子化烟碱的比值是非常有用的。此外，研究人员应该意识到，任何减少卷烟中一种或多种成分含量的操作，都可能会无意地增加其他成分的浓度。研究设计特征如何相互关联并影响主流烟气排放的研究方法包括：

- 对个别设计特征逐一地进行系统研究。对于一些选定的参数如滤嘴通风和卷烟尺寸，这些方法可以应用于许多实验室。对于其他设计参数如滤嘴材料和纸张孔隙率，相关研究必须要在装备良好的测试实验室中完成，并且可能需要定制具有特定设计特色的卷烟。
- 对市场上的卷烟产品的烟草填料成分、主流烟气排放（不同吸烟强度下）和物理性质进行多变量分析。通过这种方法可以找出对主流烟气排放影响最大的设计参数。
- 对与卷烟制造商提供的主流烟气排放的相关设计特色、参数

2. 卷烟特征和设计特色

和规格进行深入、详细的统计分析。在有足够监管机构的条件下，可以使用这种方法，并且由 ISO 17025 认证的政府实验室或独立实验室对结果进行监督。

使用适当的方法研究吸烟者和非吸烟者尤其是青少年的认知和行为，包括消费者调查、焦点小组分析和临床调查（吸烟行为和生物标志物分析）。实际的暴露量可以通过测量吸烟者的相关生物标志物来估计。结果将揭示减少吸烟机测试的特定成分释放量是否会减少吸烟者的暴露。

暴露的健康效应可以在临床研究中进行评估，例如通过测量（早期）效应生物标志物。此外，可以进行吸烟相关疾病的体外试验。基于气/液界面细胞模型的体外试验有较大的应用前景，因为它们模拟了气道在烟气中的暴露。

监测烟草制品市场发展情况有重要的意义，有利于通过标准搜索网站包括社交媒体和实地研究等方法，继续获得有关公众健康的信息。

2.7 结　　论

卷烟设计的主要目的是提高产品的吸引力（即使其更可口、更有吸引力或减少其危害）、减少产品的负面影响、确保吸烟者在使用该产品时感到满意、吸引年轻人以及新吸烟者。能增加卷烟吸引力的卷烟特性包括影响使用者对卷烟外观的感知或是否能够"定制"的卷烟特征。卷烟的装饰元素可以直接或间接地通过暗示强度、新颖性或较少危害来影响卷烟的吸引力，特别是对女性和年轻吸烟者。

这些元素是由制造商推出的众多创新中的一部分。鉴于这些特征的唯一目的是吸引新的消费者，其可能会导致人们对它的健康风险产生误解。将卷烟外观限制为标准特征，即白色卷烟纸、标准接装纸颜色和标准卷烟品牌印刷方式有望可以保护公众健康。

卷烟的其他大多数物理特征的研究结果比较复杂，甚至有些研究结果是相反的。例如，滤嘴通风会影响每根卷烟的吸烟机释放量，使吸烟者感到烟味较低且更安全。滤嘴通风是改变吸烟行为的物理特性之一。与低通风的卷烟相比，较高的滤嘴通风会导致相似或更高的有害物质及致癌物暴露。吸烟者可以很容易地操控滤过通风口，从而获得较高的烟碱和烟气释放量。制造商可以控制的另外一些卷烟特征包括多孔的接装纸和卷烟包装纸及烟草混合物的特性，它会使吸烟者不知不觉地从卷烟中吸入更多的烟气。

卷烟尺寸也会对结果产生复杂的影响。细支卷烟中可用于燃烧的烟草含量较少，吸烟者吸一支烟的总暴露也会较少。然而，细支卷烟的时尚、有吸引力、高质量的外观以及人们认为它危害较小等会对女性有较大吸引力，这是一个公共卫生问题。此外，细支卷烟吸烟者的氰化氢和甲醛等成分的暴露量可能并不低于标准圆周卷烟。

研究除了对滤嘴通风、细支卷烟进行验证外，还对另外一些假设进行了验证，如制造商使用的混合烟草的性能、压降（纸孔隙率、过滤、过滤器保持）等，这些设计可以使卷烟具有"弹性"，可以让吸烟者获得他们想要的烟碱量并且使他们感到"满意"。大多数卷烟都有弹性，特别是"超低"卷烟，全味卷烟的弹性较少。在吸烟机吸烟的条件下，弹性表现为随着吸烟强度的增加，有害物质的释放量呈非线性增加。

2. 卷烟特征和设计特色

卷烟设计，如可以减少烟气中特定化学物质含量的滤嘴添加，可以改变感官的设计等，都会导致吸烟行为的变化。有研究表明，吸烟者在吸含有木炭过滤器的卷烟时每口吸烟量更多。在卷烟中添加有香味的化学物质也会影响吸烟者的主观感受。

有证据表明，虽然吸烟者认为有香味的卷烟是新颖的且吸入的烟量较小，但研究结果表明吸烟者接触到有害的烟气释放如 CO 等与吸烟草风味卷烟一样。主观感受、行为及暴露之间的相互作用很复杂。最好的例子也许是使用薄荷醇卷烟，据报道，它与更强的成瘾和减少戒烟成功率有关。然而，有关薄荷醇对吸烟行为的影响的研究结果确是很混乱的。

吸烟者会习惯性地使用卷烟来获得烟碱。吸烟者吸烟时感受到的满足感是由卷烟烟气通过口腔（"冲击"）后烟碱迅速经肺吸收最后进入大脑来实现的。据报道，与烟气中质子化（离子化）状态的烟碱相比，未质子化（未离子化）的烟碱更易被吸收，且能更迅速地到达大脑。一些设计特色和添加剂可以影响烟气中未质子化烟碱的比例。碱化剂在增加非质子化烟碱含量的同时增加了"口感"，并通过与烟气中的酸和还原糖反应形成产物来改善味道。吸烟者会根据口感和味道来调节他们的吸烟行为使烟气达到生理"强度"。

许多有关改变感观或烟气释放的创新都集中在烟草混合和滤过技术方面，因为它们在控制传送和使用行为方面有重要作用。添加卷烟口味的非传统方法如香精胶囊和香精线等，可以通过新颖性和品牌差异来吸引消费者。

香精胶囊是烟草行业的一个重要发展部分，它对年轻人尤其具有吸引力。虽然一些新的技术令人鼓舞，例如减少特定有害物质的含量，但是它带来的收益经常被其他有害物质含量的增加或消费者可接受性差所抵消。

烟草行业已经探索了将滤嘴添加剂和处理过的烟草进行组合作为减少有害物质释放的手段。内部行业文件表明，这些卷烟的实验室评估结果显示有害性降低；然而，目前尚不清楚监管机构是否对这些技术进行过审查，或在无监管的市场中进行出售。最近的一项有关市场上的低烟碱卷烟（市场上也有标准烟碱含量卷烟）的研究表明吸烟者的行为发生了变化（每天吸烟量减少），而且他们更易戒烟。但是戒烟效果并不比标准戒烟治疗12周后的戒烟效果好，而且吸烟者会经常吸标准烟碱含量的卷烟。

2.8 建 议

正如FCTC的第9条和10条所提到的，卷烟设计研究的最终目标是确保随后的监管措施可同时降低卷烟的吸引力和成瘾性，以及与吸烟相关的危害[36]。可以通过以下方法来实现这个目标：标准化卷烟外观；消除卷烟中可以吸引新吸烟者或新手吸烟者及增加戒烟难度的设计特征和成分；降低烟碱水平或生物利用度从而降低卷烟成瘾性；通过综合选择性滤过、卷烟尺寸、包装密度和混合烟草等来降低有害物质的暴露。

在此基础上，提出了以下的具体政策建议和研究建议。

2.8.1 政策建议

（1）要求制造商披露当前产品和新兴产品的所有设计特点、参数、规格和含量水平及释放水平。示例包括卷烟纸、卷烟滤嘴中的胶囊和卷烟尺寸。

（2）禁止滤嘴通风和任何其他使卷烟有弹性的设计特性（增加吸烟者每口吸入体积，尤其是低焦油品种）；禁止滤嘴胶囊、细支卷烟或其他任何能增加卷烟吸引力、烟气释放及成瘾的产品属性。

（3）根据 TobReg 所述的方法，降低所有有害物质释放量（每毫克烟碱）[71]。

2.8.2　研究建议

（1）继续研究烟草产品的设计特点和该领域的创新，包括它们对以下方面的影响：

- 吸烟者、前吸烟者和从未吸烟的人特别是青少年的认知和行为；
- 释放量，标准化每毫克卷烟中的烟碱含量，除低烟碱卷烟（每克烟草中烟碱含量 <0.4 mg）外；
- 有害性和暴露量。

（2）开发测定游离烟碱水平或确定游离碱与质子化烟碱比值的标准方法。

（3）继续研究低烟碱卷烟在戒烟中的潜在用途。确保低烟碱卷烟在任何情况下不被用于促进吸烟很重要，因此对过去和未决研究进行系统综述可能会提供很多信息。

2.9 参考文献

[1] Podraza K. Basic principles of cigarette design and function. Bethesda, MD: Life Sciences Research Office; 2001 (http://www.lsro.org/presentation_files/air/m_011029/podraza_102901.pdf, accessed 23 October 2015).

[2] The scientific basis of tobacco product regulation: report of a WHO study group (WHO Technical Report Series No. 945). Geneva: World Health Organization; 2007.

[3] WHO Study Group on Tobacco Product Regulation. Advisory note. Global nicotine reduction strategy. Geneva: World Health Organization; 2015.

[4] Rees VW, Kreslake JM, Wayne GF, O'Connor RJ, Cummings KM, Connolly GN. Role of cigarette sensory cues in modifying puffing topography. Drug Alcohol Depend 2012;124:1-10.

[5] Rose JE, Behm FM. Extinguishing the rewarding value of smoking cues: pharmacological and behavioral treatments. Nicotine Tob Res 2004;6:523-32.

[6] Brauer LH, Behm FM, Lane JD, Westman EC, Perkins C, Rose JE. Individual differences in smoking reward from denicotinized cigarettes. Nicotine Tob Res 2001;3:101-19.

[7] Levin ED, Behm FM, Carnahan E, LeClair R, Shipley R, Rose JE. Clinical trials using ascorbic acid aerosol to aid smoking cessation.

Drug Alcohol Depend 1993;33:211-33.

[8] Shiffman S, Pillitteri JL, Burton SL, Rohay JM, Gitchell JG. Smokers' beliefs about light and ultralight cigarettes. Tob Control 2001;10(Suppl.1):i17-23.

[9] Borland R, Yong HH, King B, Cummings KM, Fong GT. Use of and beliefs about light cigarettes in four countries: findings from the International Tobacco Control Policy Evaluation Survey. Nicotine Tob Res 2004;6(Suppl. 3):S311-21.

[10] Kozlowski LT, O'Connor RJ. Cigarette filter ventilation is a defective design because of misleading taste, bigger puffs, and blocked vents. Tob Control 2002;11(Suppl.1):i40-50.

[11] Wayne GF, Connolly GN. Regulatory assessment of brand changes in the commercial tobacco product market. Tob Control 2009;18:302-9.

[12] Carpenter CM, Wayne GF, Connolly GN. The role of sensory perception in the development and targeting of tobacco products. Addiction 2007;102:136-47.

[13] Mapother J. Putting a shine on tipping. Tob J Int 2012;2:77-83.

[14] Moodie C, Ford A, Mackintosh A, Purves R. Are all cigarettes just the same? Female's perceptions of slim, coloured, aromatized and capsule cigarettes. Health Educ Res 2015;30:1-12.

[15] Borland R, Savvas S. Effects of cigarette stick design features on perceptions of characteristics of cigarettes. Tob Control 2013;22:331-7.

[16] Ford A, Moodie C, Mackintosh AM, Hastings G. Adolescent perceptions of cigarette appearance. Eur J Public Health 2014;24:464-8.

[17] Cummings KM, Hyland A, Bansal MA, Giovino GA. What do Marlboro Lights smokers know about low-tar cigarettes? Nicotine Tob Res 2004;6(Suppl.3):S323-32.

[18] Kozlowski LT, Goldberg ME, Yost BA, Ahern FM, Aronson KR, Sweeney CT. Smokers are unaware of the filter vents now on most cigarettes: results of a national survey. Tob Control 1996;5:265-70.

[19] Kozlowski LT, Pillitteri JL. Beliefs about "lights" and "ultralight" cigarettes and efforts to change those beliefs: an overview of early efforts and published research. Tob Control 2001;10(Suppl.1):112-6.

[20] O'Connor RJ, Caruso RV, Borland R, Cummings KM, Bansal-Travers M, Fix BV, et al. Relationship of cigarette-related perceptions to cigarette design features: findings from the 2009 FITC US survey. Nicotine Tob Res 2013;15:1943-7.

[21] Elton-Marshall T, Fong GT, Zanna MP, Jiang Y, Hammond D, O'Connor RJ, et al. Beliefs about the relative harm of "light" and "low tar" cigarettes: findings from the International Tobacco Control (ITC) China Survey. Tob Control 2010;19 (Suppl.2):i54-62.

[22] Borland R, Fong GT, Yong HH, Cummings KM, Hammond D, King B, et al. What happened to smokers' beliefs about light cigarettes when "light/mild" brand descriptors were banned in the UK? Findings from the International Tobacco Control (ITC) Four Country Survey. Tob Control 2008;17:256-62.

[23] Yong HH, Borland R, Cummings KM, Hammond D, O'Connor RJ, Hastings G, et al. Impact of the removal of misleading terms on cigarette pack on smokers' beliefs about "light/mild" cigarettes:

cross-country comparison. Addiction 2011;106:2204-13.

[24] Bansal-Travers M, Hammond D, Smith P, Cummings KM. The impact of cigarette pack design, descriptors, and warning labels on risk perception in the US. Am J Prev Med 2011;40:674-82.

[25] King B, Borland R. What is "light" and "mild" is now "smooth" and "fine": new labelling of Australian cigarettes. Tob Control 2005;14:214-5.

[26] Mutti S, Hammond D, Borland R, Cummings KM, O'Connor RJ, Fong GT. Beyond light and mild: cigarette brand descriptors and perceptions of risk in the International Tobacco Control (ITC) Four Country Survey. Addiction 2011;106:1166-75.

[27] Carpenter CM, Wayne GF, Connolly GN. Designing cigarettes for women: new findings from the tobacco industry documents. Addiction 2005;100:817-51.

[28] Ford A, Moodie C, MacKintosh AM, Hastings G. Adolescent perceptions of cigarette appearance. Eur J Public Health 2014;24:464-8.

[29] European Tobacco Products Directive 2014/40/EU. Strasbourg: European Parliament; 2015 (http://ec. europa .eu /health /tobacco/ docs/dir_201440_en.pdf, accessed 4 September 2015).

[30] Klein SM, Giovino GA, Barker DC, Tworek C, Cummings KM, O'Connor RJ. Use of flavored cigarettes among older adolescent and adult smokers: United States, 2004–2005. Nicotine Tob Res 2008;10:1209-14.

[31] Villanti AC, Richardson A, Vallone DM, Rath JM. Flavored tobacco product use among US young adults. Am J Prev Med 2013;44:388-91.

[32] Carpenter CM, Wayne GF, Pauly JL, Koh HK, Connolly GN. New cigarette brands with flavors that appeal to youth: tobacco marketing strategies. Health Affairs (Millwood, VA) 2005;24:1601-10.

[33] WHO Study Group on Tobacco Product Regulation. Advisory note. Banning menthol in tobacco products. Geneva: World Health Organization; 2016.

[34] Ashare RL, Hawk LWJ, Cummings KM, O'Connor RJ, Fix BV, Schmidt WC. Smoking expectancies for flavored and non-flavored cigarettes among college students. Addict Behav 2007;32:1252-61.

[35] Kaleta D, Usidame B, Szosland-Faltyn A, Makowiec-Dabrowska T. Use of flavoured cigarettes in Poland: data from the global adult tobacco survey(2009-2010). BMC Public Health 2014;14:127.

[36] Partial guidelines for implementation of Articles 9 and 10. Geneva: World Health Organization Framework Convention on Tobacco Control; 2012.

[37] Flavored tobacco. Silver Spring, MD: Food and Drug Administration; 2015 (http://www.fda. gov/tobacco products/labeling/products ingredients components/ucm2019416.htm).

[38] Tobacco Products Directive 2014/40/EU. Off J Eur Union 2014;L.127:38.

[39] Kozlowski LT, O'Connor RJ, Sweeney CT. Cigarette design. Risks associated with smoking cigarettes with low machine-measured yields of tar and nicotine. Bethesda, MD: National Institutes of Health; 2001:13-37.

[40] Russell MA. Self-regulation of nicotine intake by smokers. In: Battig K,

editor. Behavioral effe- cts of nicotine. Basel: Karger; 1990:108-22.

[41] Benowitz NL. Compensatory smoking of low-yield cigarettes. In: Risks associated with smoking cigarettes with low machine-measured yields of tar and nicotine (Smoking and Tobacco Control Monograph No. 13) Bethesda, MD: Department of Health and Human Services, National Institutes of Health, National Cancer Institute; 2001:39-63.

[42] Kozlowski LT, White EL, Sweeney CT, Yost BA, Ahern FM, Goldberg ME. Few smokers know their cigarettes have filter vents. Am J Public Health 1998;88:681-2.

[43] Donny EC, Denlinger RL, Tidey JW, Koopmeiners JS, Benowitz NL, Vandrey RG, et al. Rando- mized trial of reduced-nicotine standards for cigarettes. N Engl J Med 2015;373:1340-9.

[44] Hammond D, Fong GT, Cummings KM, Hyland A. Smoking topography, brand switching, and nicotine delivery: results from an in vivo study. Cancer Epidemiol Biomarkers Prev 2005;14:1370-5.

[45] Melikian AA, Djordjevic MV, Hosey J, Zhang J, Chen S, Zang E, et al. Gender differences relative to smoking behavior and emissions of toxins from mainstream cigarette smoke. Nicotine Tob Res 2007;9:377-87.

[46] Strasser AA, Tang KZ, Sanborn PM, Zhou JY, Kozlowski LT. Behavioral filter vent blocking on the first cigarette of the day predicts which smokers of light cigarettes will increase smoke exposure from blocked vents. Exp Clin Psychopharmacol 2009;17:405-12.

[47] Zacny JP, Stitzer ML, Brown FJ, Yingling JE, Griffiths RR. Human

cigarette smoking: effects of puff and inhalation parameters on smoke exposure. J Pharmacol Exp Ther 1987;240:554-64.

[48] Byrd GD, Davis RA, Caldwell WS, Robinson JH, deBethizy JD. A further study of the FTC yield and nicotine absorption in smokers. Psychopharmacology 1998;139:291-299.

[49] Djordjevic MV, Stellman SD, Zang E. Doses of nicotine and lung carcinogens delivered to cigarette smokers. J Natl Cancer Inst 2000;92:106-111.

[50] Jarvis MJ, Boreham R, Primatesta P, Feyerabend C, Bryant A. Nicotine yield from machine-smoked cigarettes and nicotine intakes in smokers: evidence from a representative population survey. J Natl Cancer Inst 2001;93:134-138.

[51] Hecht SS, Murphy SE, Carmella SG, Li S, Jensen J, Le C, et al. Similar uptake of lung carcinogens by smokers of regular, light, and ultra-light cigarettes. Cancer Epidemiol Biomarkers Prev 2005;14:693-698

[52] Agaku IT, Vardavas CI, Connolly GN. Cigarette rod length and its impact on serum cotinine and urinary total NNAL levels, NHANES 2007-2010. Nicotine Tob Res 2014;16:100-7.

[53] Nemeth-Coslett R, Griffiths RR. Effects of cigarette rod length on puff volume and carbon monoxide delivery in cigarette smokers. Drug Alcohol Depend 1985;15:1-13.

[54] Nemeth-Coslett R, Griffiths RR. Determinants of puff duration in cigarette smokers: I. Pharmacol Biochem Behav 1984;20:965-71.

[55] Nemeth-Coslett R, Griffiths RR. Determinants of puff duration in

cigarette smokers: II. Pharmacol Biochem Behav 1984;21:903-12.

[56] Jarvik ME, Popek P, Schneider NG, Baer-Weiss V, Gritz ER. Can cigarette size and nicotine content influence smoking and puffing rates? Psychopharmacology 1978;58:303-6.

[57] Rees VW, Wayne GF, Connolly GN. Puffing style and human exposure minimally altered by switching to a carbon-filtered cigarette. CancerEpidemiolBiomarkersPrev2008;17:2995-3003.

[58] O'Connor RJ, Ashare RL, Cummings KM, Hawk LWJ. Comparing smoking behaviors and exposures from flavored and unflavored cigarettes. Addictive Behav 2007;32:869-74.

[59] Lawrence D, Cadman B, Hoffman AC. Sensory properties of menthol and smoking topography. Tob Induced Dis 2011;9(Suppl.1):S3.

[60] McCarthy WJ, Caskey NH, Jarvik ME, Gross TM, Rosenblatt MR, Carpenter C. Menthol vs. non- menthol cigarettes: effects on smoking behavior. Am J Public Health 1995;85:67-72.

[61] Ahijevych K, Parsley LA. Smoke constituent exposure and stage of change in black and white women cigarette smokers. Addict Behav 1999;24:115-20.

[62] Caskey NH, Jarvik ME, McCarthy WJ, Rosenblatt MR, Gross TM, Carpenter CL. Rapid smoking of menthol and nonmenthol cigarettes by black and white smokers. Pharmacol Biochem Behav 1993;46:259-63.

[63] Ahijevych K, Gillespie J, Demirci M, Jagadeesh J. Menthol and nonmenthol cigarettes and smoke exposure in black and white women. Pharmacol Biochem Behav 1996;53:355-60.

[64] Strasser AA, Ashare RL, Kaufman M, Tang KZ, Mesaros AC, Blair IA. The effect of menthol on cigarette smoking behaviors, biomarkers and subjective response. Cancer Epidemiol Biomarkers Prev 2013;22:382-9.

[65] Levy DT, Blackman K, Tauras J, Chaloupka FJ, Villanti AC, Niaura RS, et al. Quit attempts and quit rates among menthol and nonmenthol smokers in the United States. Am J Public Health 2011;10:1241-7.

[66] Smith SS, Fiore MC, Baker TB. Smoking cessation in smokers who smoke menthol and non-menthol cigarettes. Addiction 2014;109:2107-17.

[67] Rising J, Wasson-Blader K. Menthol and initiation of cigarette smoking. Tob Induced Dis 2011;9(Suppl. 1):156-8.

[68] Hersey JC, Ng SW, Nonnemaker JM, Mowery P, Thomas KY, Vilsaint MC, et al. Are menthol cigarettes a starter product for youth? Nicotine Tob Res 2006;8:403-13.

[69] Spears A. Effect of manufacturing variables on cigarette smoke composition. Paris: Cooperation Centre for Scientific Research Relative to Tobacco; 1974.

[70] Report on the scientific basis of tobacco product regulations (WHO Technical Report Series, No. 989). Geneva: World Health Organization; 2015.

[71] The scientific basis of tobacco product regulation. Second report of a WHO study group. Geneva: World Health Organization; 2008.

[72] Hausermann M. Cigarettes a la carte. How to play with filter ef-

ficiency, filter dilution and expanded tobacco in designing low- and very-low-tar cigarettes. 1980 (http://tobaccodocuments.org/filters/2501224987-5003.html? pattern=&ocr_position=&rotati-on=0&zoom=750&start_page=1&end_page=17, accessed 19 October 2015).

[73] Artho A, Monroe R, Weybrew J. Physical characteristics of cured tobacco. Tob Sci 1963;7:191-7.

[74] Davis D. Waxes and lipids in leaf and their relationship to smoking quality and aroma. Recent Adv Tob Sci 1976;2:80-111.

[75] Enzell C. Terpenoid components of leaf and their relationship to smoking quality and aroma. Recent Adv Tob Sci 1976;2:32-60.

[76] Griest W, Guerin M. Influence of tobacco type on smoke composition. Recent Adv Tob Sci 1977;3:121-44.

[77] Leffingwell J. Nitrogen components of leaf and their relationship to smoking quality and aroma. Recent Adv Tob Sci 1976;2:1-31.

[78] Muramatsu M. Studies in the transport phenomena in naturally smoldering cigarettes (Contract No.: Report No. 123). Tokyo: Japan Tobacco; 1981.

[79] The design of cigarettes: course outline. Salem, NC: RJ Reynolds; 1984 (http://tobaccodocuments.org/rjr/ 511360043-0551.html).

[80] Yamamoto T, Anzai U, Okada T. Effect of cigarette circumference on weight loss during puffs and total delivery of tar and nicotine. Beitr Tabakforsch Int 1984;12:259-69.

[81] Browne CL. The design of cigarettes. Charlotte, NC: Hoechst Celanese; 1990. Bates: 2060442066/2186. (http://legacy.library.ucsf.edu/

tid/sea55d00/pdf).

[82] Lewis C. The effect of cigarette construction parameters on smoke generation and yield. Recent Adv Tob Sci 1990;16:73-101.

[83] How tobacco smoke causes disease: the biology and behavioral basis for smoking-attributable disease: a report of the Surgeon General. Atlanta, GA: Department of Health and Human Services; 2010.

[84] Fischer S, Spiegelhalder B, Preussman R. Preformed tobacco-specific nitrosamines in tobacco role of nitrate and influence of tobacco type. Carcinogenesis 1989;10:1511-1517.

[85] Hoffmann D, Hoffmann I. The changing cigarette: chemical studies and bioassays. In: Smoking and tobacco control. Bethesda, MD: National Cancer Institute; 2001:159-91.

[86] Hoffmann D, Hoffmann I. The changing cigarette 1950–1995. J Toxicol Environ Health 1997;50:307-64.

[87] Abdallah F. Recon's new role. Tob Rep 2003:58-61.

[88] Blackard C. Cigarette design tool. Tob Rep 1997:3.

[89] Abdallah F. Recon's new role. In: Cigarette product development. Blending and processing know-how. Sensory testing of cigarette smoke. Tob Rep 2004:92-95.

[90] Owens W. Effect of cigarette paper on smoke yield and composition. Recent Adv Tob Sci 1978;4:3-24.

[91] Schur M, Rickards J. Design of low yield cigarettes. Tob Sci 1960;4:69-77.

[92] Thielen A, Klus H, Muller L. Tobacco smoke: unraveling a controversial subject. Exp Toxicol Pathol 2008;60:141-56.

[93] Lendvay A, Laszlo T. Cigarette peak coal temperature measurements. Beitr Tabakforsch 1974;7:276-81.

[94] Durocher F. The choice of paper components for low tar cigarettes. Recent Adv Tob Sci 1984;10:52-71.

[95] Cigarette filter rod making. Training manual. Charlotte, NC: Celanese Corp; 1977 (http://tobacco documents. org/rjr/510653803-4009.html).

[96] Kijowski J. A review of particle size studies on cigarette smoke. 1985 (http://tobaccodo-cuments. org/filters/2501541893-1940. html?zoom=750&ocr_position=above_foramat-ted&start_page=1&end_page=48).

[97] Taylor M. The role of filter technology in reduced yield cigarettes. Presentation, 2004 (www.Filtrona filters.com/uploads/Kunming-PresentationNov04.ppt).

[98] Eaker D. Dynamic behavior and filtration of mainstream smoke in the tobacco column and filter. Recent Adv Tob Sci 1990;16:103-87.

[99] Adam T, McAughey J, Mocker C, McGrath C, Zimmermann R. Influence of filter ventilation on the chemical composition of cigarette mainstream smoke. Anal Chim Acta 2010;657:36-44.

[100] Filter ventilation levels in selected US cigarettes. Atlanta, GA: Centers for Disease Control and Prevention; 1997:1043-1047.

[101] Bowne CK, Allen R. The effect of filter ventilation on the yield and composition of mainstream and sidestream smokes Beitr Tabakforsch 2014;10:81-90.

[102] Polzin G, Zhang L, Hearn B, Tavakoli A, Vaughan C, Ding Y, et al.

Effect of charcoal-containing cigarette filters on gas phase volatile organic compounds in mainstream cigarette smoke. Tob Control 2008;17:10-6.

[103] Hearn B, Ding Y, Vaughan C, Zhang L, Polzin G, Caudil S, et al. Semi-volatiles in mainstream smoke delivery from select charcoal-filtered cigarette brand variants. Tob Control 2010;19:223-30.

[104] Dittrich DJ, Fieblekorn RT, Bevan MJ, Rushforth D, Murphy JJ, Ashley M, et al. Approaches for the design of reduced toxicant emission cigarettes. Springer Plus 2014;3:374.

[105] Moore GE, Bock FG. "Tar" and nicotine levels of American cigarettes. Natl Cancer Inst Monogr 1968;28:89-94.

[106] Ohlemiler T, Villia K, Barum E, Eberharde K, Harris RH Jr, Lawson J, et al. Test methods for quantifying the propensity of cigarettes to ignite soft furnishings. Gaithersburg, MD: National Institute of Standards and Technology; 1993:114.

[107] Baker RR. A review of pyrolysis studies to unravel reaction steps in burning tobacco. J Anal Appl Pyrolysis 1987;11:555-573.

[108] Byckling E. Investigation into the filter efficiency of the tobacco rod in cigarettes of differing density in dependence on the smoked length. Beitr Tabakforsch Int 1976;8:382-91.

[109] Siu M, Mladjenovic N, Soo E. The analysis of mainstream smoke emissions of Canadian "super slim" cigarettes. Tob Control 2013;22:e10.

[110] McCormack A, Taylor M. Super slim carbon filters-effect of carbon weight and smoking regimes. Aix-en-Provence: Cooperation Cen-

tre for Scientific Research Relative to Tobacco; 2009 (http://www.essentrafilters. com/media/14785/2009-Super-Slim-Carbon-Filters-Effect-of-carbon-weight-and-smoking-regimes.pdf).

[111] DeBardeleben M, Claflin W, Gannon W. Role of cigarette physical characteristics on smoke composition. Recent Adv Tob Sci 1978;4:85-111.

[112] Yamamoto T, Suga Y, Tokura C, Toda T, Okada T. Effect of cigarette circumference on formation rates of various components in mainstream smoke. Beitr Tabakforsch 1985;13:81-7.

[113] Toward a less fire-prone cigarette. Final report of the Technical Study Group on Cigarette and Little Cigar Fire Safety. Cigarette Safety Act of 1984. Third draft; 1987 (http:// tobaccodocuments.org/pm/1002811434 -1490.html?pattern=&ocr_position=&rotati-on=0&zoom=750&start_page=1&end_page=57).

[114] Connolly GN, Alpert HR, Rees V, Carpenter C, Wayne GF, Vallone D, et al. Effect of the New York State cigarette fire safety standard on ignition propensity, smoke constituents, and the consumer market. Tob Control 2005;14:321-327.

[115] Seeman JI, Fournier JA, Paine JB 3rd, Waymack BE. The form of nicotine in tobacco. Thermal transfer of nicotine and nicotine acid salts to nicotine in the gas phase. J Agric Food Chem 1999;47:5133-45.

[116] Morris P. The effects of cigarette smoke "pH" on nicotine delivery and subjective evaluations. Truth Tobacco Industry Documents; 1994 (https://industrydocuments.library.ucsf.edu/ tobacco/docs/

syjv0125).

[117] Blevins RA. Letter: free nicotine 1973 (http://legacy.library.ucsf.edu/tid/gnq46b00, accessed 7 November 2013).

[118] Backhurst JD. A relation between "strength" of a cigarette and the "extractable nicotine" in the smoke. 1965 (http:// legacy.library.ucsf.edu/tid/kgt83f00, accessed 7 November 2013).

[119] Ireland MS. Subject: research proposal-development of assay for free nicotine. 1976(http:// legacy.library. ucsf.edu/tid/nts76b00, accessed 1 November 2013).

[120] Larson T, Morgan J. Application of free nicotine to cigarette tobacco and the delivery of that nicotine in the cigarette smoke. 1976 (http://legacy.library.ucsf.edu/tid/pts76b00, accessed 1 November 2013).

[121] Wayne GF, Connolly GN, Henningfield JE. Brand differences of free-base nicotine delivery in cigarette smoke: the view of the tobacco industry documents. Tob Control 2006;15:189-98.

[122] Hurt RD, Robertson CR. Prying open the door to the tobacco industry's secrets about nicotine: the Minnesota tobacco trial. J Am Med Assoc 1998;280:1173-81.

[123] Callicutt CH, Cox RH, Hsu F, Kinser RD, Laffoon SW, Lee PN, et al. The role of ammonia in the transfer of nicotine from tobacco to mainstream smoke. Regul Toxicol Pharmacol 2006;46:1-17.

[124] Van Amsterdam J, Sleijffers A, van Spiegel P, Blom R, Witte M, van de Kassteele J, et al. Effect of ammonia in cigarette tobacco on nicotine absorption in human smokers. Food Chem Toxicol 2011;49:3025-30.

[125] Albauch P, Black R, Chakraborty B, Gonterman R, Johnson R, Scholten D. A handbook for leaf blenders and product developers. 1991 (http://legacy.library.ucsf.edu/tid/nqz36b00, accessed 7 November 2013).

[126] Francis S, Hsu RS. Analytical sensory correlations: liquid ammonia treated tobacco. 1984(http://legacy. library.ucsf.edu/tid/kbr72e00, accessed 7 November 2013).

[127] Henningfield J, Pankow J, Garrett B. Ammonia and other chemical base tobacco additives and cigarette nicotine delivery: issues and research needs. Nicotine Tob Res 2004;6:199-205.

[128] Watson CV. Role of ammonia in delivery of free nicotine: recent work and analytical challenges. In: Report on the scientific basis of tobacco product regulations (WHO Technical Report Series, No. 989). Geneva: World Health Organization; 2015:163-74.

[129] Riehl TF. Project SHIP. Main technical conclusions (840400-841100). 1984 (http://legacy.library.ucsf.edu /tid/gxq23f00, accessed 7 November 2013).

[130] Morris P. 1999 (http://legacy.library.ucsf.edu/tid/iqf13e00).

[131] Abdallah F. What makes tobacco? In: Cigarette product development. Blending and processing know-how. In: Sensory testing of cigarette smoke. Tob Rep 2004:58-61.

[132] Hundall CF. Free nicotine/ammonia treatment of tobacco. 1978 (http://legacy.library.ucsf. edu/tid/cru46b00, accessed 7 November 2013).

[133] Alford ED, Hseih T. A major sugar/ammonia reaction product in

Marlboro 85's. 1983 (http://legacy. library.ucsf.edu/tid/ylh23f00, accessed 7 November 2013).

[134] Johnson R. Ammonia technology conference minutes 1989 (http://legacy.library.ucsf.edu/ tid/cfl36b00).

[135] Pepper JK, Ribisl KM, Brewer NT. Adolescents' interest in trying flavoured e-cigarettes. Tob Control 2016;25(Suppl2):ii62-ii66.

[136] Heckman R, Best, F. An investigation of the lipophilic bases of cigarette smoke condensate. 1981 (http://legacy.library.ucsf.edu/tid/xvz90c00, accessed 7 November 2013).

[137] Schmeltz I, Stedman RL, Chamberlain WJ, Burdick B. Composition studies on tobacco. XX. Bases of cigarette smoke. Tob Sci 1964;8:82-91.

[138] Ashley DL, Pankow JF, Tavakoli AD, Watson CH. Approaches, challenges, and experience in assessing free nicotine. Handb Exp Pharmacol 2009;192:437-56.

[139] Klus H, Begutter H, Ultsch I. The effect of filter ventilation on the pH of mainstream smoke. 1981 (https://industrydocuments.library.ucsf.edu/tobacco/docs/#id=kqny0108, accessed 20 October 2015).

[140] Talhout R, Opperhuizen A, van Amsterdam JG. Sugars as tobacco ingredient: effects on main- stream smoke composition. Food Chemical Toxicol 2006;44:1789-98.

[141] Newton RP. Alkaline tobacco smoke: effect of urea and urea/urease on smoke chemistry. 1970 (http://legacy.library.ucsf.edu/tid/fts76b00).

[142] Wigand JS. Additives, cigarette design and tobacco product regulation. A report to the World Health Organization Tobacco Free Ini-

tiative Tobacco Product Regulation Group. Geneva: World Health Organization; 2006.

[143] Irwin DE. Comment by D.E. Irwin on handbook for leaf blenders and product developers (http://legacy. library.ucsf.edu/tid/ogc54a99, accessed 7 November 2013).

[144] Fordyce WB, Horsewell HD. Effect of pH on cigarette smoke filtration. (https://industry documents. library.ucsf.edu/documentstore/k/j/l/k//kjlk0000/kjlk0000. pdf, accessed 20 October 2015).

[145] Designed for addiction: how the tobacco industry has made cigarettes more addictive, more attractive to kids and even more deadly. Washington DC: Tobacco Free Kids; 2014.

[146] Ferris Wayne G, Connolly GN. Application, function, and effects of menthol in cigarettes: a survey of tobacco industry documents. Nicotine Tob Res 2004; 6(Suppl 1):S43-54.

[147] Hellams RD. pH determination of mainstream cigarette smoke. 1984 (http://legacy.library. ucsf.edu/tid/jgu 46b00, accessed 7 November 2013).

[148] Ihrig AM. pH of particulate phase. 1973 7/11/2013]. Available from: http://legacy.library.ucsf. edu/tid/iwr46b00.

[149] Reynolds RJ. Regarding means to achieve nicotine balance and deliveries. 1992 (http://legacy.library.ucsf. edu/tid/ikv46b00, accessed 7 November 2013).

[150] Finster P, Rudolph G, Heinze M. Investigation in to the importance of smoke pH measurement. 1985 (https://industrydocuments.library.ucsf.edu/tobacco/docs/#id=hjgh0204, accessed 20 October

2015).

[151] Teague CE. Implications and activities arising from correlation of smoke pH with nicotine impact, other smoke qualities, and cigarette sales. 1974 (http://tobaccodocuments.org/product_design/344.html).

[152] Watson CH, Trommel JS, Ashley DL. Solid-phase micro extraction-based approach to determine free-base nicotine in trapped mainstream cigarette smoke total particulate matter. J Agric Food Chem 2004;52:7240-5.

[153] Pankow JF. A consideration of the role of gas/particle partitioning in the deposition of nicotine and other tobacco smoke compounds in the respiratory tract. Chem Res Toxicol 2001;14:1465-81.

[154] Barsanti KC, Luo W, Isabelle LM, Pankow JF, Peyton DH. Tobacco smoke particulate matter chemistry by NMR. Magn Reson Chem 2007;45:167-70.

[155] Stepanov I, Soeteman-Hernández L, Talhout R. Novel tobacco products, including potential reduced exposure products: research needs and recommendations. Geneva: World Health Organization; 2015.

[156] Business Wire. 22nd Century Group announces launch of "0.0 mg nicotine" MAGIC cigarettes in Spain (http://www.businesswire.com/news/home/20150416005797/en/22nd-Century-Group-Announces-Launch-%E2% 80%9C0.0-m; http://www.xxiicentury.com/magiczero/, accessed 17 November 2015).

[157] McRobbie H, Przulj D, Smith KM, Cornwall D. Complementing the

standard multicomponent treatment for smokers with denicotinized cigarettes: a randomized trial. Nicotine Tob Res 2016;18:1134-41.

[158] Make your own cigarettes. Masterpiece coloured cigarette tubes box (http://www.roll-ups.co.uk/shop/ tubing-machines/cigarette-tubes/rollo-masterpiece-pastel-coloured-1141071.html, accessed 4 September 2015).

[159] Your cigarettes guide. Sobranie-cigarettes for women. Cigarettes-Reporter.com (http://cigarettes reporter. com/sobranie-cigarettes/, accessed 4 September 2015).

[160] Hauni, solutions for every filter requirement. 2015 (https://hauni.com/fileadmin/content/www.hauni.com/ secondary/Filter_rod_production/Leporello_Filter.pdf, accessed 4 September 2015).

[161] Essentra filter ranges. 2015 (http://www.essentrafilters.com/en/home/our-products/essentra-fil- ter-ranges, accessed 4 September 2015).

[162] Thrasher JF, Abad-Vivero EN, Moodie C, O'Connor RJ, Hammond D, Cummings KM, et al. Cigarette brands with flavour capsules in the filter: trends in use and brand perceptions among smokers in the USA, Mexico and Australia, 2012–2014. Tob Control 2016;25:275-83.

[163] Gordon SM, Brinkman MC, Meng RQ, Anderson GM, Chuang JC, Kroeger RR, et al. Effect of cigarette menthol content on mainstream smoke missions. Chem Res Toxicol 2011;24:1744-53.

[164] Dolka C, Piade JJ, Belushkin M, Jaccard G. Menthol addition to cigarettes using breakable capsules in the filter. Impact on the main-

stream smoke yields of the Health Canada list constituents. Chem Res Toxicol 2013;26:1430-43.

[165] Crooks I, Scott K, Dalrymple A, Dillon D, Meredith C. The combination of two novel tobacco blends and filter technologies to reduce the in vitro genotoxicity and cytotoxicity of prototype cigarettes. Regul Toxicol Pharmacol 2015;71:507-14.

[166] Li MT, Zhu YY, Li L, Wang WN, Yin YG, Zhu QH. Molecularly imprinted polymers on a silica surface for the adsorption of tobacco-specific nitrosamines in mainstream cigarette smoke. J Sep Sci 2015;38:2551-7.

[167] Aufderheide M, Scheffler S, Ito S, Ishikawa S, Emura M. Cilia toxicity in human primary bronchiolar epithelial cells after repeated exposure at the air-liquid interface with native mainstream smoke of K3R4F cigarettes with and without charcoal filter. Exp Toxicol Pathol 2015;67:407-11.

[168] Philip Morris USA Inc. Patent US 20150122280 A1-Synthesis and incorporation of high-temperature ammonia-release agent in lit-end cigarettes. 2015 (https://www.google.com/patents/US20150122280?dq= tobacco&hl=en&sa=X&ved=0CDwQ6AEwBDg8ahUKEwjU7P_ht9rHAhWMVRQKHTlWBiY, accessed 4 September 2015).

3. WHO 烟草实验室网络标准操作规程对电子烟碱传输系统评估的潜在应用

Patricia Richter，美国疾病控制与预防中心
Rima Baalbaki，贝鲁特美国大学（黎巴嫩贝鲁特）
Mirjana Djordjevic，美国国立卫生研究院国家癌症研究所
Rachel El Hage，贝鲁特美国大学（黎巴嫩贝鲁特）
Bryan Hearn，美国疾病控制与预防中心
Ahmad El Hellani，贝鲁特美国大学（黎巴嫩贝鲁特）
侯宏卫 Hongwei Hou，中国国家烟草质量监督检验中心
胡清源 Qingyuan Hu，中国国家烟草质量监督检验中心
Walther Klerx，荷兰国家公共卫生与环境研究所
Naoki Kunugita，日本国立卫生研究院
Joseph Lisko，美国疾病控制与预防中心
Jose Perez，美国疾病控制与预防中心
Najat A Saliba，贝鲁特美国大学（黎巴嫩贝鲁特）
Shigehisa Uchiyama，日本国立卫生研究院
Wouter Visser，荷兰国家公共卫生与环境研究所
Clifford Watson，美国疾病控制与预防中心
Liqin Zhang，美国疾病控制与预防中心

目录

3.1 背景
3.2 电子烟碱传输系统（ENDS）的一般方法学评价
3.3 烟碱
    3.3.1 ENDS 烟液中的烟碱
    3.3.2 ENDS 气溶胶中的烟碱

3.4 烟草特有亚硝胺

    3.4.1 ENDS 烟液中的烟草特有亚硝胺

    3.4.2 ENDS 气溶胶中的烟草特有亚硝胺

3.5 苯并 [a] 芘

    3.5.1 ENDS 烟液中的苯并 [a] 芘

    3.5.2 ENDS 气溶胶中的苯并 [a] 芘

3.6 其他分析物

    3.6.1 羰基化合物

    3.6.2 溶剂

    3.6.3 挥发性有机化合物

    3.6.4 酚类化合物

    3.6.5 金属

    3.6.6 香精

3.7 关于扩展方法的建议

    3.7.1 烟碱

    3.7.2 烟草特有亚硝胺

    3.7.3 苯并 [a] 芘

    3.7.4 挥发性有机化合物

    3.7.5 羰基化合物

3.8 为未来监管 ENDS 提供数据所需的研究

3.9 结论

3.10 建议

3.11 参考文献

3. WHO烟草实验室网络标准操作规程对电子烟碱传输系统评估的潜在应用

3.1 背　　景

本部分按照第七次缔约方会议的要求（WHO FCTC，http://www.who.int/fctc/cop/cop7/FCTC COP7_9_EN.pdf?ua=1），就现行和未完成的WHO烟草实验室网络（TobLabNet，http://www.who.int/ tobacco/global_interaction/toblabnet/en/）标准操作规程（SOP，http://www.who.int/tobacco/ publications /prod_regulation/en/）的应用情况提出建议，以分析电子烟碱传输系统（ENDS）的内容物和释放情况。在确定该矩阵（例如适当的测量范围、干扰等）的适用性后，本章中的建议也适用于电子非烟碱传输系统（ENNDS）。

ENDS包括一个电池，用来加热线圈和汽化液体基质（内容物），以提供气溶胶（释放物），也被称为雾化器。本报告中将来自ENDS装置嘴端的气溶胶称为"第一手气溶胶"（FHA），液体基质称为"电子烟液"，当电子烟液含有烟碱时，该装置被称为电子烟碱传输系统（ENDS）。卷烟形状的ENDS用"电子烟"表示。

ENDS的汽化温度是由电池电压和通过线圈的电流决定的[1]。电子烟液通常是单独的丙二醇或是与植物甘油、烟碱、香精和其他成分如咖啡因混合的溶液。电子烟液和产生的第一手气溶胶通常含有不同浓度的烟碱和其他化学物质以增强其吸引力。在电子烟液中已经报道了烟碱、小烟草生物碱、烟草特有亚硝胺（TSNA）、香料、金属、VOC、酚类化合物和溶剂。ENDS气溶胶中包含羰基类、VOC、TSNA和金属[2]。

ENDS可以是一次性的或可重复使用的，并且允许用户"定制"

气溶胶的传送和化学组成特征（例如可调节电压范围）。最初，ENDS 在尺寸和形状上与卷烟相似。新一代的 ENDS 体积较大，有可充液储液腔，可能与雪茄、烟斗或水烟袋（水烟筒）类似，或者根本不像任何烟草产品[2-4]（图 3.1）。ENDS 在世界范围内销售[5]，有时作为烟草制品管理，有时当作普通消费品管理，有时当作药品管理。然而，其他国家已经禁止含烟碱的 ENDS，甚至 ENNDS[90]。

图 3.1　电子烟碱传输系统

与传统的含有参考物质的卷烟（例如 CORESTA Monitor 和 Kentucky 研究卷烟）相比，目前没有针对 ENDS，也没有任何方法可以用于吸烟机生成 ENDS 气溶胶的分析。ENDS 产品的使用模式（拓扑图）仅在少数几项研究中得到检验[6, 7]，而且 ENDS 产品的多样性使问题更加复杂。CORESTA（https://www.coresta.org/）是烟草产品制造商、烟草工业研究所和实验室的国际协会，它发布了一个检测 ENDS 气溶胶的推荐方法[8]。ENDS 包含的电子组件，可以蒸发液体产生使用者可吸入的气溶胶。ENDS 可以设计成单件一次性、可充电和 / 或可重复使用的产品。据报道，该方法涵盖的产品是符合上述定义的产品，也是"电子卷烟、电子雪茄、电子烟、电子烟管和其他相关产品类别"中描述的产品。CORESTA 方法不是基于反映实际使用或行为的人类吸烟模式采取的措施。

有几家公司已经开始制造和销售可以生成 ENDS 气溶胶的自动化机器（例如，英国的 Cerulean, Milton Keynes, 以及德国的 Borgwaldt GmbH, Hamburg）。应该为设计用于生成分析目的的 ENDS 气溶胶的机器提供电源，研究应该解决电源的供应问题。现有设备和方法针对卷烟类装置（电子卷烟）进行了优化，因此，ENDS 的新品种可能需要新设备或方法的调整，特别是对于有较大"储液仓"的品种。

3.2 电子烟碱传输系统（ENDS）的一般方法学评价

产品化学分析的定量方法取决于测量基质的性质。ENDS 基质（电子烟液或第一手气溶胶）与传统烟草制品（烟草填料和主流烟气）相比化学成分复杂，成分变化较小。传统卷烟主流烟气的标准化测量适用于 ISO[10]、美国联邦贸易委员会[11]、美国疾病控制与预防中心（CDC）[12]、CORESTA[13, 14]、加拿大卫生部[13]、美国马萨诸塞州公共卫生部[15]和世界卫生组织[16]。用于分析常规烟草卷烟的吸烟方案在较不严苛的标准方法（如 ISO 和美国联邦贸易委员会）中仅有略微差异。模拟较大的抽吸量和吸烟者的通气阻塞行为（如加拿大的 Intense 和 Massachusetts）与较不严苛的方法相比，可能产生完全不同的结果。所有的方法都包括对卷烟样品进行温湿度控制调节，在特定状态（如抽吸容量、持续时间和时间间隔）下，吸烟机吸烟至每个产品所确定的烟头长度（23 mm，滤网长度加 8 mm 或滤网外包层加 3 mm），并打开，部分堵塞或完全堵塞滤嘴通风。关于人们对 ENDS 使用方式的研究[6, 7]结果引发了关于标准和"深度"模式（类似于 ISO 和加拿大深度抽吸模式）是否合适以及是否对分析不同 ENDS 产品释放的程序或设备进行相应的修改的问题。

吸烟机生成的主流烟气样品通常在样品制备后，通过 GC-MS 或火焰离子化检测器（FID）、配紫外 - 可见分光光度仪的液相色谱、液相色谱 - 质谱法或电感耦合等离子体质谱法进行分析。

3.3 烟　　碱

ENDS 产品通过呼吸系统提供一种令人上瘾的化学物质——烟碱。ENDS 烟弹和再充填电子烟液标签上列出的烟碱浓度可能与烟液中测得的数值有显著差异[3, 18]。Sleiman 及其同事最近报告了美国加利福尼亚州零售商店购买的 ENDS 产品中烟碱的含量。通过顶空气相色谱 - 质谱法（HS-GC/MS）测定市售浓度为 20.4 mg/mL、25.4 mg/mL 和 32.1 mg/mL 的电子烟液中，烟碱的含量分别为 18 mg/mL、24 mg/mL 和 18 mg/mL[1]。

3. WHO 烟草实验室网络标准操作规程对电子烟碱传输系统评估的潜在应用

3.3.1 ENDS 烟液中的烟碱

在测定电子烟液中烟碱含量时应考虑两个因素。首先是在 TobLabNet 方法检测烟草烟丝中使用正己烷萃取溶液，而丙二醇和植物甘油不溶于正己烷，它们更易溶于标准 ISO 方法中用于测量烟气中焦油、烟碱和一氧化碳的异丙醇萃取溶液[10]。因此，用于分析附着在 CFP 上的烟碱的标准 ISO 方法比 TobLabNet SOP-04 法更适合分析电子烟液中的烟碱。另外，WHO SOP-04 可以与更易混溶的萃取溶剂一起使用。在 ENDS 电子烟液中分析烟碱的另一个重要考虑因素是：ENDS 中烟碱的含量可能远远超过烟草烟气提取物，即使是在深度抽吸吸烟机条件下产生的烟气（例如 CDC 未发表的数据显示约 36 mg/mL *vs.* 0.3 mg/mL）。因此，必须调整异丙醇的萃取体积，以使电子烟液样品中的烟碱浓度落在校准曲线范围内。

其次，了解烟草制品中烟碱的总量并不足以了解其对使用者的影响[19]。烟碱存在质子化和非质子化（也称为未离子化或"游离"烟碱）状态。在非质子化状态下吸收的烟碱比在质子化状态下吸收的烟碱更快地到达大脑，这是化学品成瘾性的重要原因。碱化剂的添加增加了未质子化形式的烟碱比例[20]。电子烟液的 pH 可以通过常用测量无烟烟草的 pH 的步骤来测量，使用 pH 计进行定时测量。据报道，某些电子烟液的 pH 远大于烟碱的 pK_a[3, 21]，表明大量的烟碱未被质子化。

3.3.2 ENDS 气溶胶中的烟碱

通常，不同吸烟方式（标准或深度）下测量烟草烟气中烟碱的方法是不同的，这两种方式都可以在普通吸烟者中获得一系列可能的吸烟行为。ISO 抽吸模式要求通气孔畅通、35 mL 抽吸量、2 s 抽吸持续时间、60 s 抽吸间隔和足够的抽吸数使烟蒂长度等于滤嘴长度加上 8 mm 或过滤器外层包裹物加上 3 mm（取较长者），而加拿大的"深度"抽吸方式和 WHO 抽吸方式规定为 55 mL 的抽吸量、2 s 的抽吸持续时间、30 s 的抽吸间隔和 100% 堵塞通气孔。得到的主流烟气总颗粒物（TPM）用异丙醇萃取并通过 GC-FID[10] 分析。对于电子烟，CORESTA 推荐使用"vaping"（自动生成电子烟气溶胶的机器）方案[8] 来产生气溶胶，抽吸体积为 55 mL、抽吸持续时间为 3 s、时间间隔为 30 s，没有规定抽吸次数，尽管被认为每次至少有 50 次抽吸才能够在 CFP 上产生足够的 TPM 来测定烟碱[22]（CDC 未发表的数据）。据报道，CORESTA 方法涵盖了为 ENDS 产品设计的单独使用、一次性使用的配件和多组分产品如可充电和/或可充液装置（即储液腔系统）。如果该方法由独立实验室进行验证，则可以避免分析不同设计产品释放量时对方法和装置的修改。WHO SOP-01 深度抽吸中的抽吸参数与 CORESTA 方法中的抽吸参数类似，并可以对气溶胶释放量进行修改，直到有足够多的产品设计参数和 ENDS 使用行为的数据可用于设计产生 ENDS 气溶胶的方案，该方案更具有代表性。

　　CORESTA 方法没有详细说明定量测量收集的气溶胶中烟碱的分析平台。预计 ENDS 在非深度条件下运行时不会发生燃烧，所以收集的气溶胶的组成与烟油的组成相似。WHO SOP 中用于分析烟草烟气提取物的分析平台可应用于 CFP 捕获的 ENDS 气溶胶。采用下游吸附阱 CFP 收集 ENDS 气溶胶的一项研究表明气溶胶颗粒中含有烟碱，且超过 98% 的烟碱被 CFP 捕获[22]。常规检测方案可以扩展用

3. WHO 烟草实验室网络标准操作规程对电子烟碱传输系统评估的潜在应用

于分析 ENDS 气溶胶，其较烟草烟气成分复杂且化学物可溶于异丙醇。CORESTA 电子烟抽吸模式与烟草卷烟主流烟气标准测试方案的初步比较表明，CORESTA 方法在有限的 ENDS 产品样本（CDC 未发表的数据）中提供了可靠的烟碱定量分析结果——预计与 WHO SOP-01 的结果类似。未来应评估诸如电子烟管和电子烟水烟袋等其他 ENDS 形态。

烟草烟气中的烟碱通常与"焦油"（TPM 除去烟碱和水）和 CO 一起测量。与主流烟草烟气一样，ENDS TPM 由溶剂、水、烟碱和其他气溶胶成分组成，并在 ENDS 气溶胶生成过程中被 CFP 捕获[22]。

3.4 烟草特有亚硝胺

TNSA 主要是在烟草的固化、发酵和燃烧过程中形成的，并且存在于所有类型的烟草制品中[23]。WHO 建议在烟草和烟草烟气中强制降低 TNSA，特别是 NNN 和 NNK，它们是有效的人体致癌物[24]。

3.4.1 ENDS 烟液中的烟草特有亚硝胺

虽然有些 TNSA 是在生物碱前体燃烧烟草过程中形成的，但它们主要存在于卷烟填充物中的烤烟，并在烟草燃烧过程中直接转移到主流烟气中[25]。由于电子烟液中的烟碱是从烟草中提取的，因此 ENDS 电子烟液中的任何 TSNA 都可能是烟碱提取过程中引入的杂质。Laugesen[26] 分析了 Ruyan® 电子烟烟弹中的液体，发现烟碱含量从 0 到 16 mg 不等。在四个 TSNA 中，只有 NNK 在所有烟弹中检出。NNN 的含量高于 NNK，但仅在含烟碱的烟弹中可检测到，在"零烟碱"烟弹中检测到 0.260 ng NNK。NNN 和 NNK 的水平随着烟碱浓度的增加而增加。另一项研究报道，在 11 家公司出售并在韩国购买的品牌的补充电子烟液中发现 NNN 和 NNK[27]，而 Westenberger[28] 在美国购买的两种品牌 10 种盒式电子烟烟弹的烟液中未检测出 TSNA。荷兰国家公共卫生与环境研究所（RIVM）的研究人员通过超高效液相色谱和串联质谱联用方法，在几乎所有 ENDS 烟液中发现了可检出但低含量的 TSNA。非常小部分的 ENDS 烟液含有高达 150 ng/mL 的单个亚硝胺和 285 ng/mL 的总 TSNA[29]。较高浓度的 TSNA 可能是由于使用烟草提取物作为香味，因为所有发现它们的烟液都被标记为"烟草味"。

对来自 14 个国家销售的卷烟烟叶的 NNN 和 NNK 水平进行的综合研究表明，TSNA 总浓度为 $0.087 \sim 1.9$ μg/g[30]。因此，即使 ENDS 烟液中存在 TSNA，其水平也远低于卷烟烟草。

3.4.2　ENDS 气溶胶中的烟草特有亚硝胺

在 ISO 和深度抽吸条件下，确定主流卷烟烟气中 TSNA 的 WHO SOP[31] 中，将卷烟烟气颗粒物收集在 CFP 上，用乙酸铵提取并在高效液相色谱（HPLC）串联 MS 系统中分析。卷烟烟气是通过燃烧烟丝而产生的，而 ENDS 的烟气是通过加热电子烟液而产生的，加热温度取决于装置参数。由于烟草烟气基质比 ENDS 气溶胶基质复杂得多，含有约 8000 种化学物[32]，SOP 应适用于分析 ENDS 气溶胶中的 TSNA。然而，在一项研究中，ENDS 气溶胶中检测到的 TSNA 的最高水平为每 150 次吸入 NNK 量为 (28.3 ± 13.2) ng，NNN 量为 (4.3 ± 2.4) ng。在较少的抽吸口数下（例如 15 口），估计释放约

2.83 ng NNK 和 0.43 ng NNN。即使使用 TobLabNet TSNA 方法中的最小体积的提取溶液（10 mL），NNK 水平为 0.28 ng/mL，NNN 水平为 0.043 ng/mL，低于该方法的报告限值 0.5 ng/mL[33]。因此，应该使用较高的抽吸口数（例如 50 口）来优化 ENDS 气溶胶中测量 TSNA 的条件。单位释放量（即每一支卷烟和每单位一次性使用的 ENDS 产品）或"每个环节"的释放量比较可能会得出不同的结果，但仍然预计将远远低于卷烟主流烟气中的释放量。

3.5 苯并[a]芘

多环芳烃（PAH）是在有机物质如烟草不完全燃烧期间形成的多种致癌物质。苯并[a]芘是一种广泛的环境污染物，是人体致癌物，也是这类化合物中研究最深入的物质[34, 35]。WHO 建议在主流烟草烟气中降低苯并[a]芘含量[24]。

3.5.1 ENDS 烟液中的苯并[a]芘

在一些关于 ENDS 电子烟液中有害化学物质的研究中，没有发现大量的 PAH。Kavvalakis 等[36]在希腊市场上的电子烟液样品中未发现 PAH，Leondiadis 在 Nobacco 品牌可填充电子烟液中未发现 PAH[37]。Laugesen[26]的研究是少数几个检测 PAH 超出极限的研究之一。在 0 mg 烟碱 Ruyan® 电子烟液的正己烷提取物中检测到四种 PAH：蒽、菲、1-甲基菲和芘。作者假设电子烟液的消费量等于一天内吸 20 支卷烟，计算了每种 PAH 的量占相同数量烟草卷烟烟气中 PAH 量的百分比。检测到的含量分别为 7 ng、48 ng、5 ng 和 36 ng，低于20支卷烟中含量的1%。这四种PAH被国际癌症研究机构（IARC）分类在第3组中，即人体致癌性证据不足、动物证据不足或有限[37]。未检测到苯并[a]芘。

3.5.2 ENDS气溶胶中的苯并[a]芘

在环境沉积研究中，将ENDS气溶胶引入具有大量稀释空气的取样袋中。大多数PAH，包括苯并[a]芘，都没有达到检测限，苯并[a]芘的含量与空白对照相似[38]。Tayyarah和Long[39]在ENDS气溶胶中未发现可定量的PAH，Romagna等[40]在比较ENDS和传统卷烟的排放时，未检测到环境空气中的PAH。Lauterbach和Laugesen[41]研究报告，来自16 mg烟碱的Ruyan® ENDS气溶胶（超过300抽吸次数的气溶胶）中的苯并[a]芘水平低于报告限值。如果将烟草与ENDS产品混合使用，则必须监测PAH。

上述研究对于分析ENDS气溶胶基质中PAH的方法没有明确说明。在大多数研究中，这些方法看起来与常规卷烟烟气中使用的方法有所不同或完全不相同。用CDC方法[32]分析苯并[a]芘的样品制备似乎与TobLabNet方法[42]相似。CDC的初步研究（未发表的数据）显示，ENDS丙二醇-甘油基质和标准卷烟制备的PAHs校准曲线之间的差异很小，表明该方法是适用的。制备用于分析苯并[a]芘的样品的大多数方法包括用非极性溶剂萃取并通过硅胶固相萃取净化。样品生成和制备方法对ENDS分析的适用性应在方法被认为合适之前进行测试。

3. WHO 烟草实验室网络标准操作规程对电子烟碱传输系统评估的潜在应用

3.6 其他分析物

3.6.1 羰基化合物

"羰基"是醛和酮的统称。传统烟草卷烟的研究表明，保润剂暴露于高温时会形成短链羰基化合物和其他有害化学物质。对于 ENDS，与电子烟液接触的加热线圈的温度取决于线圈周围的抽吸持续时间、抽吸频率和传热特性[1]。目前认为溶剂的热分解是 ENDS 气溶胶中羰基化合物的主要来源。甘油在约 280℃脱水形成丙烯醛，并进一步反应生成甲醛和乙醛。电子烟烟液中的丙二醇和植物甘油与加热的雾化镍铬合金丝接触被认为是羰基化合物的来源[43]。羰基化合物具有公共卫生意义，因为一些化合物已被评估为已知或可能的人体致癌物质，丙二醇被热降解为环氧丙烷，其在实验室动物中是致癌的[23, 25, 44, 45]。在甘油和丙二醇加热且没有其他电子烟液成分（如烟碱或香味剂）的情况下，甲醛、乙醛和丙烯醛在某些条件下（特别是在后来的抽吸中）在 ENDS 气溶胶含量较高[1]。然而，在最近一项关于来自有味和无味电子烟液的 ENDS 气溶胶的研究中，Khlystov 和 Samburova 指出，羰基化合物的形成还取决于香味物质浓度，而不仅仅取决于电子烟液溶剂[46]。

在 ENDS 气溶胶的粒相和气相中检测到一些羰基化合物（例如甲醛）（N. Kunugita，个人通信）。最近，Sleiman 及其同事[1]在电子烟液中发现含有微量甲醛、乙醛和丙烯醛（ng/mL）。当烟液雾化时，甲醛、乙醛和丙烯醛的水平随着电压升高而显著升高。在前 5 口抽吸（初始）和第 30 口到第 40 口抽吸（稳定状态）之间，甲醛水平在 3.8 V 时消耗的烟液从 2900 ng/mg 增加到 8950 ng/mg，在 4.8 V 时消耗的烟液从 4850 ng/mg 到 7250 ng/mg。随着抽吸口数的增加，乙醛和丙烯醛的浓度增加（乙醛：在 3.8 V 时从 230 ng/mg 消耗的烟液增加到 1820 ng/mg，在 4.8 V 时消耗的烟液从 740 ng/mg 到 19080 ng/mg；丙烯醛：在 3.8 V 时从 90 ng/mg 消耗的烟液量至 1700 ng/mg，在 4.8 V 时为 400 ng/mg 消耗的烟液量至 10060 ng/mg）。其他发现的高于检测限的羰基化合物是巴豆醛、甲基丙烯醛、丁醛、苯甲醛、戊醛、对甲基苯甲醛和己醛。在 ENDS 气溶胶中测量甲醛、乙醛、丙烯醛、丙醛、苯甲醛和乙二醛，其浓度为微克每克含香精的电子烟液[46]。相反，在相同的 ENDS 装置中，没有添加香味物质的电子烟液仅可检测到乙二醛和苯甲醛。

  ENDS 产生气溶胶的参数决定了羰基化物的释放量。电池电压、抽吸量、抽吸持续时间、线圈数量、位置、电阻、芯吸设计和长度、溶剂、电子烟液黏度和空气流动阻力等变量可能会影响羰基化合物形成的速率。

  TobLabNet 正在验证主流烟草烟气中羰基化合物的 SOP。简而言之，它用吸收剂和过滤器的组合吸收烟气中的羰基化合物，随后进行萃取、衍生化，最后用光电二极管阵列进行 HPLC 分析。丙烯醛不能用标准的 2,4-二硝基苯肼盒进行分析，因为衍生物在样品收集过程中不稳定并且在分析盒中分解[47-51]。在氢醌-2,4-二硝基苯肼方法[52]和 CX-572 方法[45, 52]中，丙烯醛不分解，因为包括丙烯醛在内的羰基化合物被收集在吸附剂氢醌或 CX-572 中。

  经过验证，WHO SOP 羰基化合物可用于 ENDS 气溶胶中羰基化合物的分析。因为香味等其他成分可能会造成干扰[53]，应采取措

3. WHO 烟草实验室网络标准操作规程对电子烟碱传输系统评估的潜在应用

施确保分析的有效性和适用性。极端的测试条件（例如非常高的电池电压）可能会产生超过用户通常暴露水平的羰基化合物含量[54]。在气溶胶产生过程中需要进行进一步的调查以对设备参数进行标准化设置。

3.6.2 溶剂

尽管丙二醇和植物甘油通常被称为"保润剂"，但这些化合物在电子烟液中作为溶剂并在雾化过程中形成液滴，当存在于电子烟液中时，在气溶胶中携带烟碱和香味化合物以促进吸入[55]。溶剂可以单独使用或者两种混合使用[56]。一些电子烟液含有低分子量聚乙二醇，它可能是纯的也可能与丙二醇或甘油形成混合物。使用聚乙二醇-400 是因为它在室温下为液体，且在药物产品中用作赋形剂[57]，所以容易获得高纯度。

Rainey 等[58]证明 GC-FID 和 GC-MS 可用于测量烟草中的化学物质，尽管 GC-MS 被推荐用于甘油和三甘醇的全色谱分离。然而，RIVM 的报告支持 GC-FID 对电子烟液中溶剂的综合分析的适用性，该报告使用该方法对丙二醇、甘油、聚乙二醇、二甘醇和烟碱进行定量[29]。

该方法被证明适用于电子烟液，并提供了包含烟碱的优点。建议将其作为综合方法的起点，包括关注溶剂、化学相关的污染物，如乙二醇和二甘醇以及烟碱。为了定量聚乙二醇，需要包括目的分子量范围内的聚乙二醇分子的标准品。这样的标准品可以在市场上购买（例如 Sigma Aldrich 81396）。

ENDS 气溶胶中的溶剂可以采用标准的 44 mm CFP 收集。R. J. Reynolds 观察到 ENDS 气溶胶中超过 98% 的甘油和丙二醇被捕获在

CFP 上 [22]。对各种电子烟液（RIVM，个人通信）进行的实验表明，过滤器上收集的 TPM 的量与液体损失量密切相关。CDC 烟草实验室对这些结果进行了复制和证实（未发表的数据）。它们非常重要，因为它们表明用于常规卷烟分析的玻璃纤维滤片可以高效地保留溶剂，溶剂是从电子烟液产生的气溶胶 TPM 中存在的含量最高的化学物质。可以用甲醇从过滤器中提取溶剂，并且通过用于分析电子烟液的相同方法将提取物直接注射到 GC 上。建议将此方法作为 ENDS 气溶胶中溶剂定量详细方案的基础。

一个问题是电子烟液含有大量的香味成分[53]，它们可能与溶剂一起洗脱并干扰它们的定量。由于电子烟液中可能存在许多不同的香味成分，因此优化色谱方法以确保溶剂完全分离将是非常耗时的。因此宜使用更具选择性的 GC-MS 方法代替 GC-FID。任何需要验证的方法都应适用于各种产品类型，包括添加大量香味物质的产品类型。

一些作者报道 GC-FID 或 GC-MS 方法可用于定量烟草中的保润剂[58]。用于测定烟草中植物甘油、丙二醇和三甘醇的 TobLabNet SOP-06 已被验证[59]，并提供了该方法的 GC-FID 和 GC-MS 变体。预计 SOP 将适用于 ENDS 电子烟液和气溶胶中的溶剂分析。有人提出，ENDS 电子烟液中测量烟碱的方法可适用于同时测定溶剂（甘油和丙二醇）和烟碱。

考虑到可能的干扰需要开发更多的方法来优化 ENDS 电子烟液和气溶胶中溶剂的测定。应该考虑调整现有的同时测定甘油、丙二醇和电子烟液污染物的方法。

3.6.3 挥发性有机化合物

一些挥发性有机化合物（VOC）是强效致癌物质，因此也是降低烟草制品毒性的政策和法规的潜在目标。例如，主流烟草烟气中的苯和 1,3-丁二烯在 WHO FCTC 第 9 条和第 10 条中被列为重点关注物质[24]。关于 ENDS 再填充电子烟液、烟弹和气溶胶中挥发性有机化合物的分析报告已经发表。Laugesen[26] 在 ENDS 电子烟液烟弹中发现了二甲苯和苯乙烯，国家烟草质量监督检验中心在 ENDS 再填充电子烟液中发现了几种 VOC，包括苯、苯乙烯、乙苯和甲苯[60]，其中一些被 IARC 归类为致癌物或可能致癌的物质[23, 35, 61]。Goniewicz 等[33] 在 ENDS 气溶胶中检测到甲苯、间二甲苯和对二甲苯，每个 ENDS 的甲苯含量为 0.2~6.3 mg/ENDS（150 次抽吸）。VOC 可能来源于烟草提取物、溶剂或其他来源。发现的水平差异可能是由于样品（气溶胶或电子烟液）的不同性质或所用分析方法的灵敏度不同。

TobLabNet 正在验证主流烟气中 VOC 的 SOP。预计它适用于 ENDS 电子烟液和气溶胶中 VOC 的分析。

3.6.4 酚类化合物

酚类化合物是 WHO 首先列出的 18 种优先有害物质，也被列入 39 种烟草制品有害成分和释放物清单[24]。大多数关于酚类化合物的分析研究都集中在卷烟烟气上，关于它们在电子烟液或 ENDS 气溶胶中的研究很少。在再填充的电子烟液中检测到对二羟基苯和邻二羟基苯、苯酚和间甲酚、对甲酚和邻甲酚的总量为 0.5~5 μg/g。烟碱含量和酚类含量之间没有相关性，这意味着酚类化合物来源于烟碱以外的成分[56]。

带荧光检测的 HPLC 是测定卷烟烟气中酚类化合物最常用的方法。加拿大卫生部[62] 和 CORESTA[63] 都推荐用这种方法分析主流卷烟烟气中选定的酚类化合物。我们期望用于测定烟草排放物中酚类化合物的方法可以扩展到化学性质较差的电子烟液和 ENDS 气溶胶中。应该建立相应的 SOP。

3.6.5 金属

WHO FCTC 第 9 条和第 10 条中，金属未被列入烟草和主流烟草烟气的最初优先管制清单。但是，ENDS 设备包含几个金属部件，包括接线、加热元件、焊接连接和结构部件。ENDS 设备中常见的金属元素包括铬、镍、铝、铁、铅、锡和金。金属也可能在制造过程中被引入电子烟液中，或在烟草植物中提取烟碱过程中被作为污染物引入。几家实验室已经使用电感耦合等离子体质谱和扫描电子显微镜鉴定了电子烟液和气溶胶中的金属[29, 33, 64]。Williams 等[64] 使用这种方法来识别电子烟液中的无定形和纤维状颗粒。

电感耦合等离子体质谱技术是一种用于分析各种基质中金属的高灵敏度、多功能的技术，已经证明其适用于分析电子烟液[29, 33, 64]。金属可能以小金属颗粒的形式存在于电子烟液中或以离子形式溶解[64]。由于不同形式的生物利用度和毒性差异很大，因此任何方法都应区分不同形式。不同的物种可以通过 HPLC 分离，建议开发 HPLC-电感耦合等离子体质谱法来分析电子烟液中的金属。可能需要额外的样品制备步骤来溶解金属颗粒。注意硝酸（用于溶解金属）和甘油（电子烟液的常见组分）反应可能会产生硝酸甘油，硝酸甘油是一种摩擦敏感型炸药。因此，安全有效的样品制备程序势在必行。

3. WHO 烟草实验室网络标准操作规程对电子烟碱传输系统评估的潜在应用

WHO 尚未编制烟草或主流烟草烟气中的金属 SOP。一些研究人员报告使用石英 CRF 收集电子烟液中的金属[29, 64]，然而，CFP 已经含有金属，这可能会导致基线水平较高[65]。石英 CFP 在使用前可用稀盐酸和硝酸浸泡，以降低金属的背景水平[65]。用于收集分析金属气溶胶的 CFP 的一种可能的替代方案是 Whatman 47 mm QMA 级过滤器（货号：1851-047），其被发现含有低水平的金属[22]。它们直径较大因此需要制造适当尺寸的过滤器支架。建议采取预防措施以确保准确测量电子烟液中金属以及收集和分析 ENDS 气溶胶。

3.6.6 香精

WHO FCTC 第 9 条和第 10 条中关于烟草和主流烟草烟气的优先管制清单中未包括香精。电子烟液可提供超过 7500 种独特口味，每天都会引入新口味[66]。食用大部分电子烟液香味剂"通常被认为是安全的"（GRAS）。但 GRAS 认证不适用于高温加热并吸入的化学物质，因此，不保证 ENDS 气溶胶吸入香精是安全的[67]。尽管有证据表明吸入 ENDS 第一手气溶胶可对健康造成影响[68, 69]，但香精的作用在很大程度上是未知的。尽管如此，在电子烟液中报道的一些类型的香味化合物会造成潜在的健康风险[70]。

Farsalinos 等[71]在 69% 的再填充电子烟液和甜味的气溶胶发现了双乙酰和乙酰丙酰基化合物，这种化学物质具有黄油口味。电压对 ENDS 气溶胶中双乙酰水平没有明显影响，3.8 V 下消耗 438 ng/mg ENDS 烟液，而 4.8 V 下消耗 433 ng/mg 电子烟液[1]。尽管测得的二酮浓度明显低于传统卷烟，但一些测试产品含有浓度高于职业接触限值的乙酰丙酰和双乙酰。双乙酰暴露与严重的呼吸系统疾病有关，包括闭塞性细支气管炎或"爆米花肺"。最近报道了第一例由于使用有香味的电子烟液而导致的"爆米花肺"病例[72]。

其他常见的香味添加剂也值得关注。例如，肉桂味电子烟液含有对培养细胞有毒性的肉桂醛和 2-甲氧基肉桂醛[73]，并且发现电子烟液中肉桂香味化学物质的数量和浓度与有害性之间存在直接关系[74]。许多电子烟液使用吡嗪作为添加剂。这些化合物的添加使吸入更容易，并且降低传统卷烟中与烟碱相关的刺激性[75, 76]，减轻吸烟新手使用 ENDS 的反应[77]。甜味或"糖果"味使 ENDS 产品对儿童或新手具有吸引力[78]。

有关测量电子烟液和气溶胶中香味添加剂的文献是有限的。最近对三种商业电子烟液进行 18 种香味剂调查发现，一种名为"经典烟草"的电子烟液中含有可检测到的香兰素，而另外两种（"泡沫"和"莫吉托混合物"）检测到七种香味化合物[1]。分析产品最常用的技术是 HPLC、GC-MS 和 GC-MS/MS。二酮类化合物如双乙酰和乙酰丙酰基在 HPLC-MS 平台上测定[71]。通过 GC-MS 和 GC-MS/MS 对电子烟液中的其他香精（包括薄荷醇、香草醛、邻氨基苯甲酸甲酯、苯甲醛和胡椒醛）进行定量[3, 79]。用于分析烟草中的成分和有害物质的大多数方法可以扩展到电子烟液和气溶胶。对于含有大量不同风味的电子烟液的分析，必须使用非特定检测器的方法保证色谱分离。

3.7　关于扩展方法的建议

2015 年 9 月，在菲律宾马尼拉的 WHO 烟草制品检测和研究合作中心举行的一次会议上介绍了根据报告和观察到的 ENDS 电子烟液或气溶胶中有害物质的存在情况来考虑延伸 WHO SOP 的情况。

3. WHO 烟草实验室网络标准操作规程对电子烟碱传输系统评估的潜在应用

表 3.1 列出了汇总的更新版本。

表 3.1 建议用于延伸当前和未决 WHO SOP 的决策矩阵

当前方法	当前 TobLabNet SOP 对建议矩阵的适用性	
	电子烟液	气溶胶
烟草中的烟碱（填料）	?	不适用
主流烟气中的烟草特有亚硝胺	?	?
主流烟气中的苯并 [a] 芘	不适用	不适用
主流烟气中的烟碱	?	适用
烟草中的保润剂	可能适用	可能适用
主流烟气中的挥发性有机化合物	不适用	可能适用
主流烟气中的羰基化合物	不适用	可能适用

许多因素，特别是电压和电子烟液的成分会影响一手烟的化学成分。例如，对于给定的电池和雾化行为，线圈温度（形成烟气量的主要因素）可能在不同设备之间差异很大[1]。CORESTA 推荐的方法 No. 81[8] 和 WHO SOP-01 具有固定数量的抽吸数（≥50 以确保 CFP 上足够的 TPM）足以用于 ENDS 气溶胶抽吸生成的标准化公开可用模式，评估 WHO SOP 在一次性和可再填充 ENDS 样品中分析烟碱、TSNA 和苯并 [a] 芘的应用情况。在方法扩展期间生成的报告应该包含一条声明：CORESTA/WHO 方法是为了方便而使用的，该方法不是基于消费者如何使用 ENDS，其不适用于所有当前或未来的 ENDS 产品。

CORESTA 方法第 81 条的抽吸模式为 (55±0.3) mL 的抽吸体积，(30±0.5) s 一次的抽吸频率，18.5 mL/s 的流速，矩形或方形的抽吸分布形状，(3±0.1) s 的持续时间，并记录口数。CORESTA 推荐的方法规定，它适用于各种一次性和可再填充的 ENDS（电子烟、电子雪茄）。因此，它可以用于方法扩展研究中使用的"cigalike"产品。WHO 关于深度抽吸的 SOP 指定的吸烟量为 (55±0.1) mL，频率为 30 s，持续时间为 2 s。由于 WHO SOP 是为烟草卷烟开发的，因此没有规定流速。

在方法验证中使用的分析吸烟机应能够吸取固定体积的空气，包含控制吸烟量、持续时间和频率的装置，可以通过机械和电力驱动且两者能够充分互补，能够产生长方形的抽吸轮廓，并能够在吸烟结束后清除。机器应在每个端口处计数抽吸次数。根据产品的不同，启动时间应不迟于 0.1 s，或者在启动抽吸 0.1 s 后流速上升到流量的 50% 以上，并且不应在操作员或传感器完成并终止输出后 0.1 s 内停止。ENDS 设备支架应该无泄漏，空气和气溶胶不能透过。仪器中的压强降低不应超过 300 Pa，并且整个过程中，房间内的温度和相对湿度应分别保持在 ±2℃ 和 ±5% 的偏差范围内，例如吸烟机。气雾捕集器支架应该是气密的，具有非吸湿性、化学惰性的端盖，过滤器的保留效率应为 140 mm/s 速度下邻苯二甲酸二辛酯气溶胶直径 ≥0.3 μm 的所有颗粒保留 99.9%，按质量分数计，黏合剂的含量不得超过 5%，气雾收集完成后压降不应超过 250 Pa。

对于任何新方法或交叉矩阵方法的扩展，应在低（例如 25%）、中等（例如 50%）和高（例如 75%）（对应于可报告的分析范围，例如在 100%±10% 回收率下可接受）加标水平下测量目标分析物的回收率，以确定香味剂或液体制剂是否偏向目标分析物的结果。只有新产品应该用于测试目的。

3.7.1 烟碱

由于 ENDS 中的烟碱在密闭容器中为液体形式，因此应修改 ISO 3402 中的 ENDS 调节方法和 SOP-04 中修订的 ISO 标准程序。

3. WHO 烟草实验室网络标准操作规程对电子烟碱传输系统评估的潜在应用

在卷烟中,烟叶被纸包裹,容易受到介质及其储存条件的影响。应该确定是否需要调节 ENDS 或烟弹。样品中烟碱的含量取决于 ENDS 的品牌和型号,因此,萃取和校准曲线的范围必须根据待分析的烟液体积和烟碱浓度进行优化。电子烟液中烟碱的浓度通常在 0~36 mg/mL 范围内,上限范围远高于深度抽吸模式下吸烟机(0.3 mg/mL)产生的卷烟烟气提取物的烟碱浓度(CDC,未发表的数据)。加入萃取溶液中的分析物体积(例如约 0.25~0.5 mL)应调整至现有校准范围内。由于丙二醇和甘油是烟碱的溶剂,因此应评估烟碱回收率,因为这些化合物不溶于某些溶剂(如己烷)。电子烟烟液中的烟碱可用异丙醇进行萃取后分析,如标准 ISO 方法中关于烟气中的焦油、烟碱和 CO 分析或者对 WHO SOP-04 进行适当修改。应重新计算含有丙二醇和/或甘油的新基质的分析方法。

在 ENDS 气溶胶中观察到的烟碱含量范围与烟草烟气中报道的烟碱水平相当。吸烟者可能需要适应不同的 ENDS 设计和配置。英国一项有关各种 ENDS 产品(罐装式,可充液式,一次性)的研究发现,电子烟液中的烟碱浓度与气溶胶中的烟碱浓度之间的关联没有统计学意义[71]。但是该项研究中没有测量电压,而电压会对吸烟机产生的气溶胶中的烟碱水平产生影响[80, 81]。有关电压的设置目前正在讨论中,具体应该考虑到向消费者递送最大化(类似于加拿大传统烟草卷烟的"深度"抽吸模式)和使用制造商推荐的"预热"选项。

3.7.2　烟草特有亚硝胺

研究发现电子烟液和气溶胶中的 TSNA 含量很低,并且不同品牌之间的差异很大[33, 39, 82]。例如,Goniewicz 和他的同事[33]在波兰购买的 12 个 ENDS 中，有 10 个 NNN 含量范围为 0.8~4.3 ng，NNK 含量范围为 1.1~28.3 ng。由于在 Goniewicz 研究中测试的 ENDS 中不含有烟草，因此气溶胶中测得的 TSNA 可能是直接从电子烟液中转移而来的。据推测，电子烟液中的 TSNA 是烟碱提取时的污染物。WHO SOP-03 中一项有关烟草主流烟气中 TSNA 的报道表明 ENDS 气溶胶的化学性质与 WHO SOP 规定的一致，可以进一步对 CFPS 或电子烟液中收集的气溶胶中的 TPM 进行分析。

如上所述，ENDS 气溶胶中 TSNA 的报告水平低于 WHO SOP 规定的烟草烟气中 TSNA 的报告限值。如果纳入烟草的"混合型" ENDS 产品设计，气溶胶中的 TSNA 水平可能更高。

3.7.3 苯并 [a] 芘

尽管预计气溶胶中的苯并 [a] 芘浓度远低于卷烟烟气中的苯并 [a] 芘浓度，但是 WHO TobLabNet SOP-05 仍适用于 ENDS 气溶胶中苯并 [a] 芘的分析。因此，要分析一个烧瓶中 CFP 的数量，提取溶剂的体积以及校准曲线的范围需要进行相应的调整。

由于 ENDS 气溶胶中丙二醇和甘油的浓度很高，所以当用环己烷作为萃取溶剂时，应当评估丙二醇 - 甘油基质中苯并 [a] 芘的回收率。如果环己烷中的回收率较低，则应评估其他萃取溶剂以确定丙二醇和甘油的溶解度。对于新的检测条件，应重新计算分析校准。

由于在电子烟液或 ENDS 气溶胶中 PAH 含量很低甚至没有[26,36-39]，因此建议不对 ENDS 或其气溶胶中的苯并 [a] 芘进行分析，因为该结果不会显著影响公众健康或监管决策。

3. WHO 烟草实验室网络标准操作规程对电子烟碱传输系统评估的潜在应用

3.7.4 挥发性有机化合物

在烟草主流烟气中挥发性有机化合物的 SOP 在 TobLabNet 中得到了验证，它可以用于 ENDS 气溶胶中 VOC 的分析。除 1,3- 丁二烯和苯外，其他有害 VOC 也可能存在于电子烟液和气溶胶中，如甲苯、苯乙烯和乙苯。然而，气溶胶中 VOC 的浓度可能远低于烟草主流烟气中的含量[33]。因此，应对抽吸次数、碳分子筛的类型、萃取剂体积和标准曲线的范围进行相应地调整。

3.7.5 羰基化合物

羰基化合物是在电子烟液蒸发过程中产生的，很多报道已表明在 ENDS 气溶胶中含有羰基化合物。在大多数研究中，ENDS 气溶胶中的羰基化合物含量是微量的或比烟草卷烟烟气中的含量低很多[43]。对其进行检测时应考虑溶剂、器件设计（如可填充式、一次性）和电压的选择。

"干烧"，当烟芯不能充分地接触电子烟液时，由于烟弹是空的或线圈过热，可能导致有害化学物质的形成[83]；然而，这种现象并不是一般吸烟者的使用模式[84]。需要重新评估和修改 WHO SOP 中有关烟草主流烟气中的羰基化合物的分析规范，以考虑 ENDS 气溶胶中潜在的 ENDS 特定释放及浓度，包括乙二醛和甲基乙二醛，据报道它们在 ENDS 气溶胶中存在，但在卷烟烟气中不存在[85]。

在气溶胶中检测到了有害和致癌的羰基化合物[86]，因此是减轻烟草制品有害性的政策和法规的潜在目标。因此，需要发展用于分析烟草烟气及 ENDS 气溶胶中羰基化合物的 SOP。

3.8 为未来监管 ENDS 提供数据所需的研究

- 识别或开发标准 ENDS 研究产品。
- 识别或开发用于测试 ENDS 电池的标准化研究材料。
- 审查和完善商业 ENDS 气溶胶发生器的规格。
- 为各种 ENDS 开发 ENDS 支架和捕集系统。
- 确定当前分析方法是否适用于各种 ENDS,以及应该如何对它们进行修改使检测结果准确率高、可重复性好。
- 定义 ENDS 使用行为的关键方面,包括抽吸持续时间、频率、容量和计数。
- 确定在气溶胶发生体系中应对哪些产品设计变量(例如可变电压、电池功率、加热线圈温度设置)进行规定。
- 确定反映 ENDS 使用行为的"标准"和"深度"气溶胶生成方法,对于"强烈"的方法,调整产品设计变量,为监管决策提供依据。
- 评估单独的监管限制是否适用于早期产品或新一代产品或不同类型的 ENDS(例如电子雪茄、电子水烟)。
- 调查溶剂和烟碱提取物中杂质的含量,以确定是否需要对杂质进行常规测试。
- 确定 ENDS 气溶胶的 pH 是否可以从电子烟液中推导出来,过程类似于从无烟烟草中推导。
- 评估所有分析方法的干扰、回收率、基质比较和校准曲线的适用范围。

3. WHO 烟草实验室网络标准操作规程对电子烟碱传输系统评估的潜在应用

3.9 结　　论

在电子烟液和气溶胶中已经检测出了一系列化学物质。考虑到 ENDS 使用的普遍性和这些产品的演变性质，应用现有的和未决 WHO TobLabNet SOP 来分析 ENDS 电子烟液和气溶胶的做法是合理的。

当电子烟液和香精暴露于高温时会生成羰基化合物，而产物中的苯并 [a] 芘和 TSNA 则来源于烟碱提取物中的杂质；因此，在常规检测中它们可能检测不到，即使它们存在，检测出来的水平也很低。在对一家制造商为一个终端品牌出售的烟弹的研究中，随着烟碱水平的增加，TSNA 水平也增加。此外，有几个独立报告称吸烟机产生的气溶胶中的 TSNA 水平远低于卷烟烟气中的 TSNA 水平，且低于 WHO SOP 中规定的烟草主流烟气中的 TSNA 限值。为了消除电子烟液和气溶胶中的 TSNA，应该要求制造商使用经认证未经污染的烟碱。

由于 ENDS 中不含有烟草，因此不需要对其中的 TSNA 和苯并 [a] 芘进行常规检测。但是，这些经过验证的 TSNA 和苯并 [a] 芘的检测方法可以让监管机构和研究人员根据他们的意愿筛选电子烟液以及新出现的"混合"产品。此外，将用于分析烟草主流烟气中 TSNA 和苯并 [a] 芘的 WHO SOP 扩展到 ENDS，会为研究人员和监管者提供适用于未来配置和设计变化的分析方法，其中包含烟草，这些方法可能会导致有害物质的含量升高。一些主要跨国烟草公司推出了名为 Heat-Not-Burn 的"混合"产品。例如可以释放含烟碱气溶胶的 IQOS[91]，使含烟碱气溶胶通过烟草的 Vype[92]，以及释放穿过颗粒状烟草胶囊气溶胶的 Ploom[93]。

建议检测对公众健康及监管具有重要意义的烟碱和有害物质（如金属），这些物质在 ENDS 和其气溶胶中经常可以检测到（超过痕量水平），且有利于描述潜在的暴露。ENDS 装置设计的许多方面都可以影响气溶胶的组成，包括加热线圈阻力、烟芯设计和材料、储液器设计和气流开口。

例如，最初（前五口抽吸期间）、稳态条件（第 30 口到第 40 口抽吸期间）以及两种电压设置的条件下，当电池设置为 3.8 V 时，ENDS 气溶胶中烟碱水平范围为 13.1~23.9 μg/mg；当电池设置为 4.8 V 时，烟碱水平范围为 7.6~22.7 μg/mg[1]。因此，应明确规定用于验证标准分析法的 ENDS 装置中的这些特征。此外，预期可以影响以化合（游离）形式存在的烟碱量的电子烟液 pH 目前尚未完全规定。

在开发一种接近设备上限的"深度"气溶胶生成方法时，应对产品设计变量进行研究。具有明确的关键设计参数的标准化 ENDS 设备的使用将有助于开发更多的 ENDS 分析方法。相关研究应该解决"设备设计中的哪些方面是最重要的"这一问题。诸如 Heat-Not-Burn 之类的"混合"产品可能会导致不同的使用行为并且达到更高的加热温度，进而定性和定量地影响烟气排放，包括可能产生的 CO。

完善烟草填充剂中保润剂的 SOP 以检测和定量分析丙二醇、甘油和聚乙烯（如乙二醇和二甘醇）中的杂质，有助于调查此类杂质的分布情况，从而引起人们对单独使用乙二醇或甘油时不存在的毒性的关注。烟碱分析可以与溶剂分析相结合，从而在一次 GC-FID 分析中同时测定这两种物质。在这种情况下，样品制备时应考虑选用合适的溶剂如甲醇稀释液[29]。

美国口味和提取物制造商协会（FEMA）发布了以下声明[67]：

3. WHO 烟草实验室网络标准操作规程对电子烟碱传输系统评估的潜在应用

"FEMA GRASTM 中规定的在食品中可以使用的香味成分,不代表它们可以在电子烟中使用";且"电子烟和香精制造商和营销商不应该表示或暗示电子烟中的香精成分是安全的,尽管它们在 FEMA GRASTM 规定中可以用于食品。这些陈述不但是虚假的而且会误导人"。应对新的和现有的电子烟和气溶胶中香精的分析方法进行单独评估以确保数据质量。由于许多香精中含有酮或醛,当使用非特异性检测方法分析羰基化合物时,电子烟中的香精会对结果产生干扰。在对某些香精或短链羰基进行单独定量时,这可能是优势。但如果结果证明常规分析存在问题,这时候应该使用特定检测器(MS)进行检测。

鉴于不同装置的烟碱产量变化很大,且吸烟者可以通过调整吸烟行为来改变烟碱产量,因此应开发不同的生成气溶胶的吸烟机抽吸方法,来反映 ENDS 使用行为的不断变化。不同吸烟者的 ENDS 使用行为差别很大。据报道,每分钟吸烟两至四次时,吸烟体积约为 50 mL,吸烟持续时间为 2~8 s,吸烟间隔为 18~30 s,流速约为 20 mL[1]。关于吸烟状态变化的报告[88, 89]表明为了更好地接近吸烟者的使用行为,应该对吸烟持续时间、频率、容量和数量以及电池功率等几个参数进行评估。对不同产品设计的程序或设备进行评估时,可能需要根据 ENDS 的研究结果、可能的标准和"深度"溶胶的产生体系的讨论结果进行修改。此外,还可能需要对电压、加热线圈的功率或温度进行设置以达到指定 ENDS 电源的要求。不同的电池可以与不同的设备组合使用,其中电池可能是未经调节的(直流电,电池耗尽时电压较低)或受调节的。受调节的电池可以用于固定电压、固定功率甚至固定加热元件的温度。最新的高端 ENDS 电池模型被用来测量和调节由某些金属(如钛)制成的加热线圈的温度。此外,也可以使用实验室电源模拟出的电池。应进行研究以确定电源的电气规格，包括电压、功率和温度的调节，最大输出的电压、功率和温度，允许的纹波电流、电压以及频率。因此，需要对气溶胶生成方案和仪器进行更多的研究，达成共识，以便今后对气溶胶进行测试。

多位科学家[78,90]发现，ENDS 的使用模式与传统卷烟的模式有很大不同。吸烟者们常常通过调整吸烟行为，从而最大限度地提高烟碱产量，实现血浆中烟碱和可替宁的含量与卷烟吸烟者中的含量相当[78]。据观察，ENDS 的抽吸时间明显长于普通卷烟。目前尚不清楚使用行为的程度是否会影响蒸气的化学组成。但是，据报道，吸烟持续时间和吸烟频率会影响线圈的温度[1]。仅仅依靠电池和线圈特性不能预测 ENDS 的工作温度[1]，并且随着 ENDS 设备的发展，需要更多的研究来明确该区域。

总之，大多数国家通过零售和互联网销售，实现了 ENDS 的营销和推广以及它们在消费者中的普及，因此应对电子烟液和气溶胶的化学成分进行检测，包括对烟碱、溶剂和羰基化合物的测定。其中金属物质应该被测量以确定它们是否代表了一种健康风险，如果发现风险，应制定测定金属成分的常规分析方法。如果政策制定者和监管机构要求对烟碱提取物的质量进行认证，此时，常规的 TSNA 和苯并[a]芘的测定方法并不适用。此外，诸如 Heat-Not-Burn 的"混合"产品的出现，使得可能需要对烟草衍生有害物质进行额外的测试，如 TSNA 和多环芳烃。香精、酚类和 VOC 以电子烟液和气溶胶的存在可能会影响产品潜在的毒性，在将来的讨论中也应该考虑它们。

3. WHO 烟草实验室网络标准操作规程对电子烟碱传输系统评估的潜在应用

3.10 建 议

- 实验室已经有足够的数据证明 ENDS 电子烟液和气溶胶中存在烟碱、保润剂（溶剂）、羰基化合物、苯并 [a] 芘和 TSNA。
- 如果政策制定者和监管机构要求对烟碱提取物的质量进行认证，此时，常规的 TSNA 和苯并 [a] 芘的测定方法并不适用。
- 诸如 Heat-Not-Burn 的"混合"产品的出现，使得可能需要对烟草衍生有害物质进行额外的测试，如 TSNA 和多环芳烃。
- 建议测量电子烟液的 pH，确定电子烟液的 pH 范围，因为这一信息可能有助于调查烟碱的成瘾潜力[21]。
- 对金属物质的含量进行测定，确定它们是否代表了潜在的健康风险；如果是的话，应该开发检测金属物质的常规分析方法。
- 在将来的讨论中应考虑香精化合物、酚类和 VOC，因为它们存在于电子烟液和气溶胶中，且可能会影响产品的毒性。
- 开发一种"深度"气溶胶生成方法以接近设备的上限，系统地包括产品变量的相对重要性，并应建立一个可以用来比较气溶胶的 ENDS 标准装置。
- 适用于当前和未来的 ENDS 产品设计在强烈吸烟条件下的 CORESTA 方法或者 SOP（例如 SOP-01）仍有待确定。随着数据的建立以及产品的不断发展，必须重新评估气溶胶的产生机制。

- 对于一种方法的交叉矩阵验证，应比较每个矩阵中每个分析物的校准曲线的斜率，评估每种方法的等效性。
- 作为方法开发或新样本基质扩展的一部分，建议采用低中等和高等水平的回收率研究，以确保适用性。
- 研究样品制备技术以确保其与电子烟液溶剂（丙二醇和甘油）的相容性。在一些情况下，萃取溶剂和基质溶剂的混溶性可能导致萃取不足。
- 测试程序应要求使用新的、未使用的产品，并遵循制造商提供的预热的建议。

3.11 参考文献

[1] Sleiman, M., et al., Emissions from Electronic Cigarettes: Key Parameters Affecting the Release of Harmful Chemicals. Environ Sci Technol, 2016. 50(17): p. 9644-51.

[2] Grana R, Benowitz N, Glantz SA. E-cigarettes: a scientific review. Circulation 2014;129:1972-86.

[3] Lisko J, Tran H, Stanfill S, Blount B, Watson C. Chemical composition and evaluation of nicotine, tobacco alkaloids, pH, and selected flavors in e-cigarette cartridges and refill solutions. Nicotine Tob Res 2015;17:1270-8.

[4] Brown C, Cheng J. Electronic cigarettes: product characterization and design considerations. Tob Control 2014;23:ii4-10.

[5] Scientific recommendation: devices designed for the purpose of

nicotine delivery to the respiratory system in which tobacco is not necessary for their operation. Geneva: World Health Organization; 2009.

[6] Spindle TR, Breland AB, Karaoghlanian NV, Shihadeh AL, Eissenberg T. Preliminary results of an examination of electronic cigarette user puff topography: the effect of a mouthpiece-based topography measurement device on plasma nicotine and subjective effects. Nicotine Tob Res 2015;17:142-9.

[7] Lopez AA, Hiler MM, Soule EK, Ramoa CP, Karaoghlanian NV, Lipato T, et al. Effects of electronic cigarette liquid nicotine concentration on plasma nicotine and puff topography in tobacco cigarette smokers: a preliminary report. Nicotine Tob Res 2015·18:17-23.

[8] Routine analytical machine for e-cigarette aerosol generation and collection - definitions and standard conditions (Contract No. 81). Paris: Cooperation Centre for Scientific Research Relative to Tobacco; 2015.

[9] Report of the sixth session of the Conference of the Parties to the WHO Framework Convention on Tobacco Control. Geneva: World Health Organization; 2014.

[10] ISO 3308:2012. Routine analytical cigarette-smoking machine - definitions and standard conditions. Geneva: International Organization for Standardization; 2012.

[11] The FTC cigarette test method for determining tar, nicotine, and carbon monoxide yields of US cigarettes. Report of the NCI Expert Committee. Bethesda, MD: National Cancer Institute; 1996.

[12] Calafat AM, Polzin GM, Saylor J, Richter P, Ashley DL, Watson CH. Determination of tar, nicotine, and carbon monoxide yields in the mainstream smoke of selected international cigarettes. Tob Control 2004;13:45-51.

[13] Routine analytical cigarette-smoking machine specifications, definitions and standard conditions (Contract No. 22). Paris: Cooperation Centre for Scientific Research Relative to Tobacco; 1991.

[14] Determination of "tar", nicotine, and carbon monoxide in mainstream tobacco smoke - official method. Ottawa: Health Canada; 1999.

[15] Cigarette and smokeless tobacco products: reports of added constituents and nicotine ratings (105 CMR 660.000). Boston, MA: Commonwealth of Massachusetts Department of Public Health; 1999 (www.mass.gov/eohhs/docs/ dph/regs/105cmr660.pdf).

[16] Standard operating procedure for intense smoking of cigarettes (SOP-01). Geneva: World Health Organization; 2012.

[17] Report on the scientific basis of tobacco product regulation: third report of a WHO study group (Technical Report Series No. 955). Geneva: World Health Organizaton; 2009.

[18] Cheng T. Chemical evaluation of electronic cigarettes. Tob Control 2014;23 (Suppl.2):ii11-7.

[19] Richter P, Spierto FW. Surveillance of smokeless tobacco nicotine, pH, moisture, and unprotonated nicotine content. Nicotine Tob Res 2003;5:885-9.

[20] Tomar SL, Henningfield JE. Review of the evidence that pH is a

determinant of nicotine dosage from oral use of smokeless tobacco. Tob Control 1997;6:219-25.

[21] Stepanov I, Fujioka N. Bringing attention to e-cigarette pH as an important element for research and regulation. Tob Control 2015;24:413-4.

[22] Alderman S, Song C, Moldoveanu S, Cole S. Particle size distribution of e-cigarette aerosols and the relationship to Cambridge filter pad collection efficiency. Beitr Tabakforsch Int 2014;26:183-90.

[23] Personal habits and indoor combustions. In: IARC Monographs on the Evaluation of Carcinogenic Risks to Humans, Vol. 100E. A review of human carcinogens. Lyon: International Agency for Research on Cancer; 2012.

[24] The scientific basis of tobacco product regulation. Second report of a WHO study group (WHO Technical Report Series, No. 951). Geneva: World Health Organization; 2008.

[25] Hoffmann D, Hoffmann I. The changing cigarette: chemical studies and bioassays. In: Smoking and tobacco control. Bethesda, MD: National Cancer Institute; 2001:159-91.

[26] Laugesen M. Safety report on the Ruyan e-cigarette cartridge and inhaled aerosol. Christchurch: Health New Zealand; 2008.

[27] Kim HJ, Shin HS. Determination of tobacco-specific nitrosamines in replace ment liquids of electronic cigarettes by liquid chromatography-tandem mass spectrometry. J Chromatogr A 2013;1291:48-55.

[28] Westenberger B. Evaluation of e-cigarettes. Washington DC: Food

and Drug Administration; 2009.

[29] Visser W, Geraets L, Klerx W, Hernandez L, Stephens E, Croes E, et al. The health risks of using e-cigarettes. Amsterdam: National Institute for Public Health and the Environment, Ministry of Health, Welfare and Sport; 2015.

[30] Ashley D, Beeson M, Johnson D, McCraw J, Richter P, Pirkle J, et al. Tobacco-specific nitrosamines in tobacco from US brand and non-US brand cigarettes. Nicotine Tob Res 2003;5:323-31.

[31] Standard operating procedure for determination of tobacco-specific nitrosamines in mainstream cigarette smoke under ISO and intense smoking conditions (SOP-03). Geneva: World Health Organization; 2014.

[32] Rodgman A, Perfetti T. The chemical components of tobacco and tobacco smoke. Second edition. Boca Raton, FL: CRC Press; 2013.

[33] Goniewicz ML, Knysak J, Gawron M, Kosmider L, Sobczak A, Kurek J, et al. Levels of selected carcinogens and toxicants in vapour from electronic cigarettes. Tob Control 2014;23:133-9.

[34] Ding Y, Trommel J, Yan X, Ashley D, Watson C. Determination of 14 polycyclic aromatic hydrocarbons in mainstream smoke from domestic cigarettes. Environ Sci Technol 2005;39:471-8.

[35] Chemical agents and related occupations. In: IARC Monographs on the Evaluation of Carcinogenic Risks to Humans, Vol. 100F. A review of human carcinogens. Lyon: International Agency for Research on Cancer; 2012.

[36] Kavvalakis M, Stivaktakis P, Tzatzarakis M, Kouretas D, Liesivuori

J, Alegakis A, et al. Multicomponent analysis of replacement liquids of electronic cigarettes using chromatographic techniques. J Anal Toxicol 2015;39:262-9.

[37] Leondiadis L. Results of chemical analyses in Nobacco electronic cigarette refills. Athens: Mass Spectrometry and Dioxin Analysis Laboratory, National Centre for Scientific Research "Demokritos"; 2009.

[38] McAuley TR, Hopke PK, Zhao J, Babaian S. Comparison of the effects of e-cigarette vapor and cigarette smoke on indoor air quality. Inhal Toxicol 2012; 24:850-7.

[39] Tayyarah R, Long G. Comparison of select analytes in aerosol from e-cigarettes with smoke from conventional cigarettes and with ambient air. Regul Toxicol Pharmacol 2014;70:704-10.

[40] Romagna G, Zabarini L, Barbiero L, Boccietto E, Todeschi S, Caravati E, et al. Characterization of chemicals released to the environment by electronic cigarette use (ClearStream AIR project): Is passive vaping a reality? Poster RRP18; Annual Meeting of the Society for Research on Nicotine and Tobacco Europe; Helsinki; 2012 (http://www.srnteurope.org/assets/ srnt-e2012abstractbook.pdf).

[41] Lauterbach J, Laugesen M. Comparison of toxicant levels in mainstream aerosols generated by RuyanO electronic nicotine delivery systems (ENDS) and conventional cigarette products. Poster; Annual Meeting of the Society of Tox icology; San Francisco, CA; 2012 (http://www. healthnz.co.nz/News2012SOTposter1861.pdf).

[42] Standard operating procedure for determination of benzo[]pyrene

in mainstream cigarette smoke under ¡SO and intense smoking conditions (SOP-05). Geneva: World Health Organization; 2015.

[43] Bekki K, Uchiyama S, Ohta K, ¡naba Y, Nakagome H, Kunugita N. Carbonyl compounds generated from electronic cigarettes. ¡nt J Environ Res Public Health 2014;11:11192-200.

[44] Katryniok B, Paul S, Dumeignil F. Recent developments in the field of catalytic dehydration of glyberol to acrolein. Am Chem Soc Catalysis 2013;3:1819-34.

[45] Uchiyama S, Hayashida H, ¡zu R, ¡naba Y, Nakagome H, Kunugita N. Determi nation of nicotine, tar, volatile organic compounds and carbonyls in mainstream cigarette smoke using a glass filter and a sorbent cartridge followed by the two-phase/one-pot elution method with carbon disulfide and methanol. J Chromatogr A. 2015;1426:48-55.

[46] Khlystov, A. and V. Samburova, Flavoring Compounds Dominate Toxic Aldehyde Production during E-Cigarette Vaping. Environmental Science & Technology, 2016.

[47] Possanzin M, Dipalo V. Short-term measurements of acrolein in ambient air. Chromatographia 1996;43:433-5.

[48] Possanzini M, Dipalo V. Determination of olefinic aldehydes and other volatile carbonyls in air samples by DNPH-coated cartridges and HPLC. Chromato graphia 1995;40:134-8.

[49] Risner CH. High-performance liquid chromatographic determination of major carbonyl compounds from various sources in ambient air. J Chromatogr Sci 1995;33:168-76.

[50] Risner CH, Martin P. Quantitation of formaldehyde, acetaldehyde, and acetone in sidestream cigarette smoke by high-performance liquid chromatography. J Chromatogr Sci 1994;32:76-82; Uchiyama S, ¡naba Y, Kunugita N, Uchiyama S, ¡naba Y, Kunugita N. Determination of acrolein and other carbonyls in cigarette smoke using coupled silica cartridges impregnated with hydroquinone and 2,4-dinitrophenylhydrazine. J Chromatogr A 2013;1217:4383-8.

[51] Tejada SB. Evaluation of silica gel cartridges coated in situ with acidified 2,4-dinitrophenylhydrazine for sampling aldehydes and ketones in air. ¡nt J Environ Anal Chem 1986;26:167-85.

[52] Uchiyama S, ¡naba Y, Kunugita N. Determination of acrolein and other carbonyls in cigarette smoke using coupled silica cartridges impregnated with hydroquinone and 2,4-dinitrophenylhydrazine. J Chromatogr A 2010;1217:4383-8.

[53] Tierney PA, Karpinski CD, Brown JE, Luo W, Pankow JF. Flavour chemicals in electronic cigarette fluids. Tob Control 2016;25:e10-5.

[54] Jensen RP, Luo W, Pankow JF, Strongin RM, Peyton DH. Hidden formaldehyde in e-cigarette aerosols. N Engl J Med 2015;372:392-4.

[55] Bertholon JF, Becquemin MH, Annesi-Maesano I, Dautzenberg B. Electronic cigarettes: a short review. Respiration 2013;86:433-8.

[56] Etter J, Bullen C, Flouris A, Laugesen M, Eissenberg T. Electronic nicotine delivery systems: a research agenda. Tob Control 2011;20:243-8.

[57] Strickley, R.G., Solubilizing Excipients in Oral and Injectable Formulations. Pharmaceutical Research, 2004. 21(2): p. 201-230.

[58] Rainey C, Shifflett J, Goodpaster J, Bezabeh D. Quantitative analysis of humectants in tobacco products using gas chromatography (GC) with simultaneous mass spectrometry (MSD) and flame ionization detection (FID). Beitr Tabakforsch 2013;25:576-85.

[59] Standard operating procedure for determination of humectants in cigarette tobacco filler (SOP-06). Geneva: World Health Organization; 2016.

[60] Han S, Chen H, Zhang X, Liu T, Fu Y. Levels of selected groups of compounds in refill solutions for electronic cigarettes. Nicotine Tob Res 2016;18:708-14.

[61] Agents classified by the IARC Monographs, Volumes 1-117. Lyon: International Agency for Research on Cancer; 2016 (https://monographs.iarc.fr/ENG/Classification/ClassificationsAlphaOrder.pdf, accessed 10 March 2017).

[62] Official method T-114: determination of phenolic compounds in mainstream tobacco smoke. Ottawa: Health Canada; 1999 (http://hc-sc.gc.ca/hc-ps/tobac-tabac/legislation/reg/indust/ method/index-eng.php#main).

[63] Determination of selected phenolic compounds in mainstream cigarette smoke by HPLCFLD. Recommended method No. 78. Paris: Cooperation Centre for Scientific Research Relative to Tobacco; 2014 (http://www.coresta.org/ Recommended-Methods/CRM-78.pdf).

[64] Williams M, Villarreal A, Bozhilov K, Lin S, Talbot P. Metal and silicate particles including nanoparticles are present in electronic

cigarette cartomizer fluid and aerosol. PLoS One 2013;8:e57987.

[65] Pappas R, Polzin G, Zhang L, Watson C, Paschal D, Ashley D. Cadmium, lead, and thallium in mainstream tobacco smoke particulate. Food Chem Toxicol 2006;44:714-23.

[66] Zhu SH Sun JY, Bonnevie E, Cummins SE, Gamst A, Yin L, et al. Four hundred and sixty brands of e-cigarettes and counting: implications for product regulation. Tob Control 2014;23(Suppl.3):iii3-9.

[67] Safety assessment and regulatory authority to use flavors: focus on e-cigarettes. Washington DC: Flavor and Extract Manufacturers Association; 2013.

[68] Yu V, Rahimy M, Korrapati A, Xuan Y, Zou AE, Krishnan AR, et al. Electronic cigarettes induce DNA strand breaks and cell death independently of nicotine in cell lines. Oral Oncol 2016;52:58-65.

[69] Hwang JH, Lyes M, Sladewski K, Enany S, McEachern E, Mathew DP, et al. Electronic cigarette inhalation alters innate immunity and airway cytokines while increasing the virulence of colonizing bacteria. J Mol Med (Berl) 2016;94:667-79.

[70] Barrington-Trimis JL, Samet JM, McConnell R. Flavorings in electronic cigarettes: an unrecognized respiratory health hazard? JAMA 2014;312:2493-4.

[71] Farsalinos KE, Kistler KA, Gillman G, Voudris V. Evaluation of electronic cigarette liquids and aerosol for the presence of selected inhalation toxins. Nicotine Tob Res 2015;17:168-74.

[72] Atkins G, Drescher F. Acute inhalation lung injury related to the use of electronic nicotine delivery system (ENDS). Chest 2015;148:83A.

[73] Behar RZ, Davis B, Wang Y, Bahl V, Lin S, Talbot P. Identification of toxicants in cinnamon-flavored electronic cigarette refill fluids. Toxicol In Vitro 2014;28:198208.

[74] Bahl V, Lin S, Xu N, Davis B, Wang YH, Talbot P. Comparison of electronic cigarette refill fluid cytotoxicity using embryonic and adult models. Reprod Toxicol 2012;34:529-37.

[75] Hutzler C, Paschke M, Kruschinski S, Henkler F, Hahn J, Luch A. Chemical hazards present in liquids and vapors of electronic cigarettes. Arch Toxicol 2014;88:1295-308.

[76] Pellegrino RM, Tinghino B, Mangiaracina G, Marani A, Vitali M, Protano C, et al. Electronic cigarettes: an evaluation of exposure to chemicals and fine particulate matter (PM). Ann Ig 2012;24:279-88.

[77] Alpert HR, Agaku IT, Connolly GN. A study of pyrazines in cigarettes and how additives might be used to enhance tobacco addiction. Tob Control 2016;25:444-50.

[78] Friedman D. E-cigarette makers are targeting minors, hooking them on nicotine, say congressional Democrats. New York Daily News, 14 April 2014.

[79] Tierney PA, Karpinski CD, Brown JE, Luo W, Pankow JF. Flavour chemicals in electronic cigarette fluids. Tob Control 2016;25:e10-5.

[80] Goniewicz M, Hajek P, McRobbie H. Nicotine content of electronic cigarettes, its release in vapour and its consistency across batches: regulatory implications. Addiction (Abingdon, England) 2014;109:500-7.

[81] Talih S, Balhas Z, Eissenberg T, Salman R, Karaoghlanian N, Hellani

A, et al. Effects of user puff topography, device voltage, and liquid nicotine concentration on electronic cigarette nicotine yield: measurements and model predictions. Nicotine Tob Res 2015;17:150-7.

[82] Farsalinos KE, Gillman G, Poulas K, Voudris V. Tobacco-specific nitrosamines in electronic cigarettes: comparison between liquid and aerosol levels. Int J Environ Res Public Health 2015;12:9046-53.

[83] Goel R, Durand E, Trushin N, Prokopczyk B, Foulds J, Elias RJ, et al. Highly reactive free radicals in electronic cigarette aerosols. Chem Res Toxicol 2015;28:1675-7.

[84] Farsalinos KE, Voudris V, Poulas K. E-cigarettes generate high levels of alde hydes only in "dry puff" conditions. Addiction (Abingdon, England) 2015;110: 1352-6.

[85] Uchiyama S, Ohta K, ¡naba Y, Kunugita N. Determination of carbonyl compounds generated from the e-cigarette using coupled silica cartridges impregnated with hydroquinone and 2,4-dinitrophenylhydrazine, followed by high-performance liquid chromatography. Anal Sci 2013;29:1219-22.

[86] Kosmider L, Sobczak A, Fik M, Knysak J, Zaciera M, Kurek J, et al. Carbonyl compounds in electronic cigarette vapors: effects of nicotine solvent and battery output voltage. Nicotine Tob Res 2014;16:1319-26.

[87] Farsalinos KE, Romagna G, Tsiapras D, Kyrzopoulos S, Voudris V. Evaluation of electronic cigarctte use (vaping) topography and estimation of liquid consumption: implications for research protocol standards definition and for public health authorities' regulation.

Int J Environ Res Public Health 2013;10:2500-14.

[88] Behar RZ, Hua M, Talbot P. Puffing topography and nicotine intake of electronic cigarette users. PLoS One 2015;10:e0117222.

[89] Lopez AA, Hiler MM, Soule EK, Ramba CP, Karaoghlanian NV, Lipato T, et al. Effects of electronic cigarette liquid nicotine concentration on plasma nicotine and puff topography in tobacco cigarette smokers: a preliminary report. Nicotine Tob Res 2016;18:720-3.

[90] Kennedy, R.D., et al., *Global approaches to regulating electronic cigarettes*. Tobacco Control, 2016.

[91] PMI. *Heated Tobacco Products*. undated; Available from: https://www.pmi.com/science-and- innovation/heated-tobacco-products.

[92] BAT. *Next Generation Products. Our produt portfolio*. undated; Available from: http://www.bat. com/group/sites/uk__9d9kcy.nsf/vwPagesWebLive/DOA89DQ5.

[93] Nikkei. *Japan Tobacco begins nationwide e-cigarette rollout next year*. 2016 October 7, 2016; Available from: http://asia.nikkei.com/Business/Companies/Japan-Tobacco-begins-nation wide-e-cigarette-rollout-next-year.

4. 水烟的有害内容物和释放物

Marielle Brinkman,美国 Battelle 烟草研究公共卫生中心
Alan Shihadeh,贝鲁特美国大学(黎巴嫩贝鲁特)烟草研究中心

目录

4.1 引言
4.2 抽吸方式和释放物测试方案
4.3 有害物质的含量及释放量
4.4 测试方法对水烟有害物质释放量的影响
  4.4.1 抽吸模式
  4.4.2 热源
  4.4.3 烟草温度
  4.4.4 水的影响
4.5 水烟设计对水烟烟草制品释放物的影响
  4.5.1 组件和配件
  4.5.2 实际水烟和研究级水烟
  4.5.3 水烟软管
  4.5.4 水烟托和铝箔
4.6 结论
4.7 对监管部门的建议
4.8 参考文献

4.1 引　　言

广义地说,"水烟"是一种常用于吸烟的器具,其特征是容器中的烟气会通过水柱。在美洲、非洲和亚洲,甚至在引入烟草之前就已经有使用水烟类似物的报道[1]。近年来,在亚洲西南部和北非地区,水烟类似物的使用更加流行——它们通常被称为"narghile"、"shisha"或"hookah",吸引了全球各地的年轻人和新烟草使用者。图 4.1 展示了这种类型水烟的主要特征。它的组装元件有:水烟头(煅烧的黏土)、瓶体(金属)、水碗(玻璃)和波纹软管(皮革或尼龙缠绕在塑料管上),每个元件都有各种不同的尺寸。普通水烟的总高度可以从大约 40 cm 到 1 m 以上,软管的长度从 75 cm 到 150 cm 不等。

图 4.1　Narghile 水烟[2]

4. 水烟的有害内容物和释放物

水烟烟草的水分和保润剂含量高,不会自行维持燃烧,因此需要将燃烧的炭块放在烟草顶部来维持它的燃烧。木炭需要定期补充或进行调整以便维持吸烟者所需的烟气强度。通常,燃烧的木炭会被放在附近的火箱中,特别是在提供水烟的餐馆和咖啡馆里。为了避免每次吸烟时都要准备和维护火箱,水烟使用者也可以使用快速点燃的木炭块。有趣的是,在一次会议中木炭的消耗量和maassel(一种重度调味烟草混合物)的消耗量相当[3]。

当吸烟者从软管吸吮时,空气也会被吸入并被头部的木炭加热。热空气和木炭燃烧产物然后会通过烟草,产生烟气。因此,除了烟草制品产生的烟气之外,水烟烟气中还含有木炭烟气。烟气从水烟头通过瓶体内的中央管道,然后以气泡的方式过水后再进入软管。最后,当烟气到达烟嘴时,它已经冷却至室温并被加湿。因此,在吸水烟时,除了可以感受到凉爽、潮湿、甜味气溶胶外,在吸气时还可以感受和听到烟气经过水的声音。

最常见的两种水烟头配置是maassel配置和ajami配置。其中maassel配置的头部相对较深(约3 cm),里面可以填充大约10~20 g maassel(在阿拉伯语中被称为"honeyed"),它含有65%的保润剂(主要是甘油)[4]。另外,其中还有烟草、水、香精和其他添加剂。市场上有数百种口味的maassel烟草,如水果、糖果、饮料、香料、鲜花和香草等口味。maassel上覆盖有铝箔片,用于空气流通[图4.2(a)],燃烧的炭放置在铝箔的顶部。在第二种配置中,使用的是更传统的"未经调味"的ajami烟草(通常称为tombac,或阿拉伯语中的"烟草")。吸烟者将少量的水与干的、切碎的烟草混合制成可模压的矩阵,它们可以在浅黏土头上形成一个土墩[图4.2(b)],炭直接放置在湿润的烟草上。目前,世界上使用最多的是maassel配置。

(a) (b)

图 4.2 水烟头

(a) maassel 配置，烟草在铝箔下面；(b) ajami 配置，烟草在头部上面且上面没有铝箔将烟草与炭分开

近期，商店已经开始售卖无烟草的 maassel，声称这是一个"健康"的选择。然而，除了不含烟碱外，这些产品产生的烟气的有害物质传递曲线和生物活性物质与含烟草的型号基本相同（见第 4.3 节）。

4.2 抽吸方式和释放物测试方案

与卷烟不同的是，nurgices 允许每口吸入的烟气量较多，主要原因是它们的阻力较低，这与自由吸入非常类似。每口吸入体积为 1000 mL 在水烟中很常见，但在卷烟中只有 30~50 mL。因此，吸一口 narghile 所吸入的烟气量可能与吸一支卷烟所吸入的烟气量相当。一般吸烟时，会在一小时内吸数百口，累计吸入体积约 100 L[5]。此外，与卷烟不同，抽水烟没有明确的终点，一般是到吸烟者认为水烟被消耗为止。一般来说，当吸烟对吸烟者没有吸引力时，如味道改变、饱腹感或社交圈改变（例如用餐的结束），吸烟者会停止吸烟。

由于吸烟方式对有害物质排放有很大影响，因此在对吸烟机的有害物质排放进行实验室表征时需要确定抽吸方式，如口数、容量、持续时间和间歇时间等[3,6,7]。目前已经有了一些在不同人群、实验室条件下或自然环境中有关吸烟参数的研究。在表4.1中对这些研究进行了总结，结果显示，平均吸烟体积为500~1000 mL，持续时间为2~3 s，间歇时间为10~35 s。表4.1所示的研究结果的不同可能反映了诸如吸烟年数、吸烟频率和环境等因素对抽吸参数的影响。

表 4.1 已报道的水烟抽吸方式

研究	水烟							卷烟
	Shihadeh 等[5]	Maziak 等[8]	Katurji 等[9]	Cobb 等[10]	Alzoubi 等[11]	Pulcu 和 McNeil[12]	Brinkman 等[13]	Djordjevic 等[6]
地点	黎巴嫩贝鲁特	叙利亚共和国阿勒颇	黎巴嫩贝鲁特	美国弗吉尼亚州里士满	约旦伊尔比德	土耳其伊斯克斯坦	美国俄亥俄州哥伦布	美国纽约州韦斯切斯特
场所	咖啡馆	实验室（30 min）	咖啡馆	实验室（45 min）	实验室	实验室（30 min）	实验室	实验室
参与人数	52	61	61	54	59.2	20	35	77
吸每口烟之间的间隔时间（s）	17.0	12.6	15.2	35.4	12.4/8.0	11.7	26.2	18.5
抽吸容量（mL）	530	511	590	834	520/480	1040	640	44.1
每口持续时间（s）	2.6	3.2	2.8	未报道	2.3/2.7	3.5	4.5	1.5
总口数	171	169	169	75	157/199	120	71	12.1
总容量（L）	90.6	79.1	130	61.6	82.6/91.8	114	45.4	0.523

注：卷烟吸烟方式来源于Djordjevic等[6]，以供比较

一些实验数据表明，水烟的吸烟情况受烟碱含量的影响；在盲法实验中，经验丰富的水烟使用者在吸无烟碱水烟时，吸烟强度更大[14]。实验数据还表明，吸烟情况与烟碱依赖程度有关[11]。尽管如此，值得注意的是，在吸水烟时所摄入的烟气量是吸卷烟的10倍以上。因此，很明显，卷烟抽吸参数不能直接用于水烟抽吸试验。

到目前为止，分析性研究中最常用的水烟抽吸参数是贝鲁特方法[9]，

持续时间是 2.6 s，吸入体积是 530 mL，间歇时间是 17 s。这种方法是在贝鲁特地区的咖啡馆进行的，在该咖啡馆中有提供水烟，实时测定老顾客吸水烟时烟气中的焦油、烟碱和 CO 含量以便进行验证[5,9]。

4.3 有害物质的含量及释放量

在十年前，实验室研究已经开始用现代分析方法、可靠的吸烟机和采样方法来研究水烟烟气的化学性质。最近的一项系统综述表明，水烟烟气中大约有 300 种物质已经被确认，其中有 82 种已经实现了定量检测[15]。除了成瘾物质烟碱外，可以定量检测的物质还包括致癌物质如 TSNA、多环芳烃、苯、呋喃和重金属，以及其他重要的有害物质，如挥发性醛类、一氧化氮和 CO。

与卷烟烟气一样，水烟烟气中包含的成分来源于原料（例如重金属、烟碱、TSNA）、吸烟期间化学合成的成分（例如 CO、一氧化氮）和原位转移合成的组分（例如多环芳烃）[16]。此外，由于燃烧的木炭通常被用作水烟的热源，水烟烟气中除了含有来源于烟草本身的有害物质外，还含有从木炭中产生的有害物质。因此，木炭和烟草制剂的组成都可以影响烟气成分。水烟烟气中的多环芳烃和重金属很大一部分取决于炭的 PAH 含量[16]和 maassel 产品的重金属含量[17,18]。研究发现，在不同的产品中，这些物质的含量差异很大，提示颁布限制有害物质含量的法规对其进行调节可能是可行的。

由于已经出版的有关水烟有害物质生成量的报告是针对特定组合的木炭和烟草产品、吸烟方式和水烟设计，因此所报告的有害物质含量差别很大。

4. 水烟的有害内容物和释放物

尽管如此，正如一项关于水烟烟气中的有害物质及生物活性的综述所指出的[15]，迄今为止的所有研究得出的结论都一致，即在吸水烟时，吸烟者会吸入大剂量的有害物质，其卷烟当量范围从一到几十不等（见图 4.3）。这些有害物质与吸烟者的成瘾、心脏和肺部疾病以及癌症有关，在水烟的使用者中也有类似的结果。

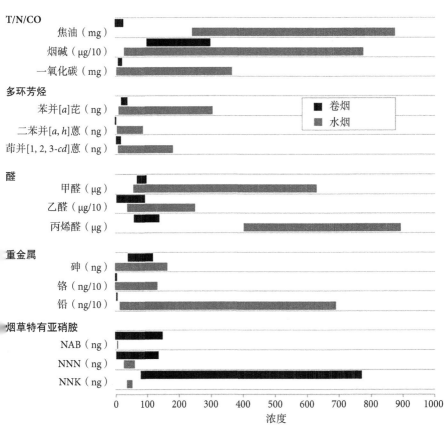

图 4.3 吸 1 h 水烟和一根卷烟产生的主流烟气中有害物质的水平[2]

卷烟数据来源于参考文献 [18,19]，水烟数据来源于参考文献 [3,20,21]

吸烟者的生物标志物检测结果与有关水烟烟气中有害物质排放的报道一致，生物标志物检测结果显示吸烟者全身暴露于CO、烟碱、多环芳烃和TSNA[22-27]。此外，卷烟及水烟吸烟者的有害物质全身暴露情况的差异与在吸卷烟及水烟时测得的烟气中有害物质释放量相关。例如，在单位烟碱释放标准化的基础上，水烟吸烟者比卷烟吸烟者的CO和PAH暴露高，TSNA的暴露低。暴露标记物与测得的有害物质生成量之间的一致性验证了水烟烟气中含有并递送大量的有害物质。

对这些发现的认识提高可能是无烟草maassel出现的一个重要原因，这类产品被称为"为了使用者的身体健康"。除烟碱外，使用无烟草maassel产品产生的烟气与常规烟草产品基本上具有相同的有害物质分布和生物活性（表4.2和参考文献[17,28,29]）。

表4.2　含烟草水烟和无烟草水烟主流烟气中有害物质含量的直接比较

有害物质	水烟（均值±95%置信区间）		P
	烟草	无烟草	
焦油（mg）	464±159	51±115	NS
烟碱（mg）	1.04±0.30	<0.01	<0.001
CO（mg）	155±49	159±42	NS
一氧化氮（mg）	437±207	386±116	NS
多环芳烃（ng）			
荧蒽	385±74	448±132	NS
芘	356±70	444±125	NS
苯并蒽	86.4±15.2	113±46	NS
䓛	106±16	124±36	NS
苯并[b+k]荧蒽	64.7±11.3	72.9±12.6	NS
苯并[a]芘	51.8±12.9	66.1±17.8	NS
苯并[ghi]芘	33.6±10.2	39.6±10.7	NS

续表

有害物质	水烟（均值±95%置信区间）		P
	烟草	无烟草	
茚并[1,2,3-cd]芘	47.3±10.7	44.3±10.4	NS
羰基化合物（μg）			
甲醛	58.7±21.6	117.6±78.7	NS
乙醛	383±121	566±370	NS
丙酮	118±36	163±68	NS
丙醛	51.7±15.3	98.4±65.0	NS
甲基丙烯醛	12.2±4.4	20.4±9.7	NS

注：改编自 Shihadeh 等[29]；NS 表示无统计学差异；通过吸烟机模拟 31 个水烟吸烟者在 62 个随意吸烟期间的状态产生烟气，其中每个参与者在临床环境中完成了两次吸烟：一次是他们喜欢的烟草产品，一次是与之味道匹配的无烟草产品

自从 20 世纪 90 年代初引入 maselel——重口味的水烟烟草以来，很少有研究对烟草制品中的香味物质进行鉴定和定量[43]。随着这种吸烟形式的普及[44]，在过去的 20 年中，制造商的数量和口味的数量和种类都在稳步增加。在 maselel 水烟主流烟气中有几种香精的含量比卷烟主流烟气中高 1000 倍，如香兰素、乙基香兰素和苄基醇[45]。Schubert 等[33] 用非特异性检测方法初步鉴定了 79 种挥发性香精，并用顶空进样法对埃及、印度、约旦和阿拉伯联合酋长国等地的水烟烟叶定量鉴定了其中的 11 种香精。烟草制品中的香精可以直接通过烟气被人体吸入，从而对人体健康产生危害。其中一个具体的例子是肉桂口味的电子烟液。Behar 等[47] 研究发现电子烟释放物的细胞毒性与电子烟液中肉桂醛的浓度高度相关。另一个具体实例是甜味添加剂如果糖、葡萄糖。Soussy 等[48] 研究显示在电子烟雾化过程中，糖可以热分解为 5-羟甲基糠醛和糠醛。尽管没详细的研究，但

是一般认为这种分解途径在水烟中也存在,因为水烟中的糖含量高达 70%,而且 Schubert 等[46]在水烟主流烟气中检测到了 5-羟甲基糠醛和糠醛。也许在新烟民和烟草烟民中,口味对不良健康影响的更大的潜在贡献为增加吸烟的吸引力。香精的加入会使原本粗糙的烟气更加平滑和香甜,使初吸烟者更容易接受并吸入烟气,从而间接地危害人体健康。美国一项有关有代表性的青少年人群(≤17 岁)的横断面研究表明第一次所吸的烟含有香精与现在吸烟之间具有正相关[49]。来自同一研究的最新纵向数据显示,第一次吸烟使用香精烟草产品的年轻人比使用无香精烟草产品的年轻人更容易成为烟草使用者④。

虽然二手烟不是本报告关注的重点,但应该注意的是,环境暴露于水烟也会对健康造成重大危害。在实验室研究中,在吸烟期间大量的挥发性醛类物质、CO、PAH 和纳米粒子直接从烟头释放到环境中[50]。据估计,吸烟一个小时,一名水烟吸烟者释放的有害物质量相当于 2~10 名卷烟吸烟者释放的有害物质量。对使用水烟时的周围环境进行研究,观测报告表明使用水烟会导致环境中细颗粒物($PM_{2.5}$)浓度升高[18, 51-53]。

4.4 测试方法对水烟有害物质释放量的影响

检测烟草产品排放的规程应包括取样,准备水烟烟草产品,从

---

④ Villanti AC. Are youth and young adults who first try a flavored tobacco product more likely to continue using tobacco? 来源于 PATH 研究,2017 年 3 月意大利佛罗伦萨烟碱和烟草研究学会年会

产品中产生、收集和量化主流烟气中的有害物质整个过程。这些规程中应该包括的内容和需要解决的问题见表4.3。

表4.3 需要烟草产品检测规程规范的程序、活性和变量

检测规程	活性	具体检测变量
准备烟草样品和水烟	同质化	购买的数量？是否去除树枝和细枝？储存条件？储存稳定性？
	条件	存储过的烟草还是新打开包装的烟草？如果有条件，多长时间以及在什么温度和湿度下？
	烟草包装	用溶剂或水清洗烟头？烟草包装松散或紧密？铝箔穿孔？烟草数量？
	管道和软管清洗	有机溶剂和/或水清洗？每次使用新鲜软管？检查空气渗入率？
样品生成	抽吸模式	单级或多级抽吸？高度模仿人体抽吸？抽吸容量、持续时间和频率？
	热源	木炭还是电？使用木炭的时间和数量？木炭的种类？
	吸烟机	抽吸机器？抽吸波形？
样品收集	微粒和半挥发物质	过滤器的型号和尺寸？多少量过滤器足够？
	气相和挥发性物质	冲击器，吸收剂，罐或袋收集？
有害物质定量	提取	溶剂？纯化方法？替代标准？
	定量	内部标准？仪器方法？

由于没有测试水烟释放的标准方案，因此目前还没有有关检测方案对水烟有害物质释放影响的研究。在这种没有标准规程的情况下，研究小组已经使用了各种各样的设备和程序来研究水烟释放测试方法。虽然无法对这些有关有害物质释放的研究进行直接比较，但这些研究中收集的数据可以用于估计某些变量的影响，特别是抽吸模式、热源、烟草温度和水碗中的水。目前已经有研究考察了这些因素的影响，在下文中将对此进行简要讨论。其他因素如烟草包装（松散与紧密包装）、样品生成（例如热源点火时间、抽吸机制）、烟气收集条件（例如滤嘴类型、颗粒相的数量和直径、冲击器、吸

附剂或实时收集）和有害物质定量方法的影响仍然需要调查。一些用于定量卷烟烟叶中有害物质和释放物的方法经修改后已用于水烟释放物的检测，但是这些方法都没有相关的参考文献支持或实验支持，因此，还需要更多的研究来完善这方面内容。

人们已经用吸烟机和各种其他设备分析了水烟主流烟气中的成分，研究的水烟类型见表4.4，包括市售水烟[3]、具有专门设计的实验室水烟[21]以及研究级水烟[13]。市售水烟通常使用径向容积式真空泵进行抽吸，如旋转叶片、隔膜、活塞或涡旋泵，流速恒定。用计算机控制电磁阀或手动阀控制抽吸[3, 17, 44]。在"shisha smoker"和研究级水烟中，用缓和模式和单冲程活塞来进行抽吸，这种方法更比真空泵更接近人体吸烟状况。"重放"吸烟机可以很好地模拟人体吸烟，它也被用于研究水烟排放[45]。但是不同的水烟设计和吸烟方式如何影响主流烟气中的有害物质含量目前尚不清楚。

4. 水烟的有害内容物和释放物

表 4.4 水烟吸烟机的抽吸模式

水烟	泵装置	抽吸容量 (L)	持续时间 (s)	间隔时间 (s)	总抽吸口数	总抽吸容量 (L)	抽吸时间 (min)	炭号/种类/直径 (mm)	烟草量 (g)	托盘或箔(孔的数量)	软管材料
贝鲁特方法, Black Single Pearl, Khalil Mamoon [6,42]	数字电磁控制机械泵	0.53	2.6	17	171	90.6	55.6	1.5C/3 Kings /33 mm	10	箔 (18)	皮革和塑料
改良的贝鲁特方法 [21]	气动单冲程圆筒	0.53	2.6	17	171	90.6	55.6	1C/3 Kings/ 40 mm	10	箔 (18)	塑料
稻级水烟 [18]	真空泵 6 L/min	0.3	3	15	100	30	30	1C/Swift-Lite /33 mm	10	箔 (19)	未报道
黏土碗 [43]a	机械泵和手动注射器每10 次抽吸	1.0	5	25	100	100	50	1C/Swift-Lite /33 mm	8	托盘(未报道)	未报道
研究级水烟 b	单冲程玻璃注射器	0.72 0.46	4.6 3.6	16.4 28.7	32 42 74	23.0 19.1 42.1	11.2 22.6 33.8	1C/3 Kings/ 40 mm 点热源	10	箔 (18) 托盘 (30)	塑料

a. 吸水烟 3 分钟后再采集主流烟气；
b. Kroeger RR, Brinkman MC, Buehler SS, Gordon SM, Kim H, Cross KM, et al. The impact of variation of hookah components on chemical and physical emissions. 2014 年 2 月 6 日美国华盛顿西雅图烟碱和烟草研究学会年会

4.4.1 抽吸模式

大多数的水烟释放物的检测都是采用以下三种抽吸模式：水烟咖啡馆中吸烟行为稳定的定期数据汇总模型[46]；实验室环境中吸烟行为的多阶段、稳定、周期性的汇总数据模型⑤；高分辨率、时间分辨（10 Hz）的"playback"精确模拟每个人的行为[29, 45, 47]。在第一种情况下，利用贝鲁特方法[5, 48]，设置吸烟机的程序为具有矩形波形，中等吸入量，固定的吸入体积和抽吸时间、频率固定。在第二种情况下，使用平滑的抛物线波形，具有两个波形和频率阶段——一个用于吸烟过程的前第三分之一阶段（阶段1），另一个用于其余阶段（阶段2）——说明吸烟者在开始抽水烟时，抽吸强度更大、更频繁、更剧烈[5]②。在第三种情况下，收集受试者的吸烟方式，将这种方式"重现"或上传到吸烟机，使其精确地重复这种吸烟方式。为了比较第一种和第三种抽吸方案中的释放量，Shihadeh 和 Azar[45] 对烟草消耗量、焦油量、烟气温度和 CO 生成量进行了比较。结果显示使用周期性方案时主流烟气中 CO 减少 20%，表明在这些方案期间得到的 CO 数据可能低于实际暴露。

Shihadeh[3] 采用单级周期方案，探讨了喷水量和频率对水烟烟耗和主流焦油和烟碱释放的影响。结果显示较大的抽吸容量会使烟草的消耗增加，这可能是因为通过炭和头部的气流较大，进而使得烟草温度较高；即使用烟草消耗量和总抽吸容量进行标准化的情况下，

---

⑤ Kroeger RR, Brinkman MC, Buehler SS, Gordon SM, Kim H, Cross KM, et al. The impact of variation of hookah components on chemical and physical emissions. 2014 年 2 月 6 日美国华盛顿西雅图烟碱和烟草研究学会年会

较大的抽吸容量也会引起主流烟气中的 TPM（潮湿和干燥）更多。在用烟草消耗量标准化焦油量的情况下，将抽吸频率加倍（将抽吸间隔从 30 s 减少到 15 s），同时保持抽吸容量不变，结果显示抽吸频率加倍并没有显著改变烟碱传送。

4.4.2 热源

一些研究人员已经研究了热源如何影响包括呋喃、VOC 和 PAH 在内的有害物质的传送。为了更好地了解特定有害释放物的主要来源是木炭还是 maassel，研究人员用电和炭以及单独的炭（无 maassel）分别作为热源，进行机器吸烟。研究结果显示大部分呋喃在单独使用炭作为热源的情况下未检出，表明 maassel 可能是其主要来源[36]；而对于像苯和甲苯这样的挥发性有机化合物，无论水烟头部是否有 maassel，烟气中检测出的含量都差不多[49]。为了确定主流烟气中 CO 和 PAH 的主要来源，Monzer 等[20] 设计了一种电热源来快速匹配活性炭的空间和时间温度分布，单独收集每个热源的排放物，结果显示木炭贡献了大部分的 CO（90%）和苯并 [a] 芘（95%）。

Kroeger 等⑤使用研究级水烟和两级抽吸模式，比较市售电热源和熏香炭热源，结果发现与熏香炭热源相比，市售电热源组的主流烟气中细颗粒 PAH（约 50 倍）和烟碱（约 4 倍）的产率降低，副流烟气中 CO（约 2000 倍）和苯（约 1200 倍）的产率也降低了。

4.4.3 烟草温度

羰基化合物如乙醛、甲醛、丙酮和丙烯醛的浓度与烟草的峰值温度有关，温度越高，这些物质的产率越高[4]。反过来，烟草峰值温度受水烟烟草中的保润剂甘油和丙二醇的浓度的影响，保润剂的含量越高，烟草峰值温度越低[36]。

4.4.4 水的影响

一些研究直接或间接地描述了水烟烟气中的有害物质在水中的溶解情况，通过这种方式这些有害物质可以从主流烟气中被"过滤"出来。间接研究结果表明，水烟主流烟气中的有害物质浓度跟水的存在有关。在水存在的情况下，烟碱含量降低了 4.4 倍[3]，羰基含量降低了 3.7 倍[4]。Schubert 等[49]直接测定了水中酚的含量，发现其中含有两种酚类物质：苯酚和愈创木酚（水中含量比烟气中分别高了 7.9 倍和 3.3 倍）。但是，Shihadeh[3] 报道显示无论水存在与否，焦油的水平没有显著差异。

4.5 水烟设计对水烟烟草制品释放物的影响

4.5.1 组件和配件

在制定检测水烟释放物的规程时，对水烟的组件和配件进行区分是非常有必要的。水烟的组件指的是水烟中的必要元件，配件则指的是非必要的可选元件。表 4.5 列出了水烟的组件和部分配件及可能影响水烟排放的物理和化学属性。水烟的整体设计、组件及配件如软管、托盘和箔片对排放物的影响将在下文作简要讨论。其他组件和配件对水烟释放的影响目前尚不清楚。

4. 水烟的有害内容物和释放物

表 4.5　可能影响烟气排放的水烟组件和配件

组件	用途	物理属性
水烟头	存放烟草	组成材料；几何结构；连接方式；位置，直径和孔的数量；重量
瓶体	将烟气传送到碗口	组成材料；几何结构；连接方式；浸没深度
水烟杆	将烟气从碗口传送到水	组成材料；几何结构；连接方式；浸没深度
水烟碗	储存水	组成材料；形状（规模）；体积
水	形成气泡	体积；纯度；pH
软管	将烟气从碗传送给使用者	组成材料；长度；内外直径
木炭托盘或箔	减慢烟草燃烧	制造材料；厚度；形状（直径）；放木炭的区域；位置，直径和孔的数量；重量
水烟油	增加烟气或气溶胶的产生量	材料；使用量；使用方法（分层或堆放或与烟草混合）
气泡扩散器	产生的气泡更小，更安静，减少烟气粗糙感	材料；形状（直径）；位置，直径和孔的数量；安装时覆盖杆的长度；密封接头的类型
水烟嘴	防止吸入细菌	材料；表面光滑度；长度；内外直径
防风罩	防止木炭熄灭	材料；厚度；形状（直径）；放木炭的区域；位置，直径和孔的数量；重量；密封接头的类型

4.5.2　实际水烟和研究级水烟

目前研究已经对商业用途的水烟[3, 46]和实验室水烟[13, 21]的释放物进行了分析。商业用途的水烟的类型和组件在设计和耐用性方面差异很大，具体包括制造杆、底座、碗和软管的材料；密封头的设计、密封的程度以及流道的直径。这些所有的变量都会影响从头部传递到烟草的净热能，进而影响主流烟气中颗粒相的性质和浓度[4, 36]以及吸烟者的吸烟行为。商业用途的水烟的制造材料和设计可能在不知不觉中就已经改变，这可能会对排放测试有干扰。

为了解决上述问题，研究者们设计了研究级水烟，它的结构如图 4.4 所示。为了尽量减少表面化学吸附，并消除来自水烟本身的化学物质（如金属焊料和热降解产品）的影响，研究级水烟由惰性材料制造而成。研究级水烟在精密度和准确度[13]、批间和批内变异性[50]等方面都有基准指标，且临床试验显示吸烟者对它的接受度和满意度都很高[13]。

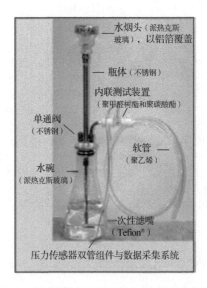

图 4.4　标准研究级水烟设备及吸烟数据的获取

4.5.3　水烟软管

大多数的吸烟机吸烟研究中使用的水烟软管都是由皮革或塑料制成的。当使用这种软管时，主流烟气中的 TPM 和 CO 含量会升高达到原来的两倍多，其原因是软管不仅导致空气透入[43]，而且会导致水分从塑料或皮革孔流失[51]。但是烟碱水平没有显著改变。

4.5.4 水烟托和铝箔

在大多数吸烟机吸烟的研究中，都使用了箔片或金属托来隔绝木炭和烟草。Kroeger 等[6] 比较了研究级水烟在使用金属托或箔片时主流烟气和侧流烟气中的排放物，吸烟方式为两阶段抽吸模式。结果发现，当使用金属托盘时，主流烟气细颗粒相中的一些有害物质较低，包括 TSNA NNN 和 NNK（低 2~3 倍）和苯并 [a] 芘和芘（低 2~3 倍）。但是，测流烟气中的一些气相有害物质的含量明显较高，包括乙醛、乙腈、丙烯腈、苯、1,3-丁二烯和异戊二烯（高 1~3 倍）。

总之，水烟烟气排放的测试条件、水烟的组件和配件都可以影响烟草消耗以及主流烟气和测流烟气的特征和浓度。表 4.6 为基于目前文献报道的测试条件及其对优先有害物质的影响的初步列表。总的来说，热源对主流和侧流水管烟雾排放的影响最大。

表 4.6 水烟测试条件及其对有害物质释放检测结果的影响

条件 1	条件 2	MS、SS 和 BW 检测的有害物质	条件 1 中的有害物质水平
按一定的周期抽吸[45]	相同抽吸模式	MS CO	高 1.2 倍
		MS TPM（干燥）	无显著差异
		烟草消耗	高 1.2 倍
抽吸容量 300 mL[3]	抽吸容量 150 mL[3]	烟草消耗	高 1.4 倍
		MS TPM（潮湿）a	高 3.8 倍
		MS TPM（干燥）a	高 3.2 倍
		MS 烟碱	无显著差异

---

⑥ Kroeger RR, Brinkman MC, Buehler SS, Gordon SM, Kim H, Cross KM, et al. The impact of variation of hookah components on chemical and physical emissions. 2014 年 2 月 6 日美国华盛顿西雅图烟碱和烟草研究学会年会

续表

条件 1	条件 2	MS、SS 和 BW 检测的有害物质	条件 1 中的有害物质水平
每 30 s 吸一次 [3]	每 15 s 吸一次 [3]	MS 焦油	高 1.5 倍
		MS 烟碱	无显著差异
含烟草	不含烟草	MS 呋喃 [48]	包含约 100% 的呋喃
		MS 苯 [36]	无显著差异
		MS 甲苯 [36]	无显著差异
熏香炭	电热源 [20]	MS CO	含有 90% CO
		MS 苯并 [a] 芘	含有 95% 苯并 [a] 芘
	商用电煤 b	MS 烟碱	高 4 倍
		SS CO	高 2000 倍
		SS 苯	高 1200 倍
烟草达到的最高温度，277℃	烟草达到的最高温度，203℃ [4]	MS 乙醛	高 3.3 倍
		MS 丙烯醛	低 1.3 倍
		MS 甲醛	高 1.2 倍
有水	无水	MS 烟碱 [3]	低 4.4 倍
		MS 乙醛 [4]	低 3.9 倍
		MS 丙烯醛 [4]	低 3.5 倍
		MS 甲醛 [4]	低 2.8 倍
在水中 b	水烟主流烟气	BW 苯酚	高 7.9 倍
		BW 愈创木酚	高 3.7 倍
塑料软管 [43]	皮革软管	烟草消耗	高 1.4 倍
		MS TPM（湿）	高 2.4 倍
		MS CO	高 2.4 倍
箔片 c	托盘	MS NNN	高 3.2 倍
		MS NNK	高 1.8 倍
		MS 芘	高 1.9 倍
		MS 苯并 [a] 芘	高 2.6 倍
		SS 乙醛	低 1.5 倍

续表

条件 1	条件 2	MS、SS 和 BW 检测的有害物质	条件 1 中的有害物质水平
箔片 c	托盘	SS 乙腈	低 1.4 倍
		SS 氯乙烯	低 1.5 倍
		SS 苯	无显著差异
		SS 1,3-丁二烯	低 1.9 倍
		SS 异丙二烯	低 1.6 倍

注：MS，主流烟气（主动）；SS，测流烟气（被动）；BW，抽吸后水碗中的水
a. 用烟草消耗量对 TPM 进行校正
b. 直接对水进行检测
c. Kroeger RR, Brinkman MC, Buehler SS, Gordon SM, Kim H, Cross KM, et al. The impact of variation of hookah components on chemical and physical emissions. 2014 年 2 月 6 日美国华盛顿西雅图烟碱和烟草研究学会年会

4.6 结　　论

水烟的吸烟方式因人和环境而异，目前很少有研究对该变化的程度进行定义。迄今为止的所有研究都表明水烟的抽吸量、流速和口数都比卷烟大得多。所以必须对吸烟机测试方案进行相应的调整。

水烟烟草烟气中含有并可以向人体传送大量的有害物质，这些物质与烟草相关疾病有关，如烟碱成瘾、肺部疾病、心脏病和癌症。无烟草水烟的烟气中也含有许多有害物质，且也与烟草相关疾病有关，如肺部疾病、心脏病和癌症。

水烟的有害物质释放不仅取决于烟草产品，而且还与水烟组件、木炭类型、烟管设计、吸烟前的准备方法、吸烟方式以及它们之间的相互作用有关。就目前来说，要保护公众健康，必须对烟草制品

和木炭的特性和含量进行管理。

水烟吸烟者的数量在全球范围内不断增加,且吸水烟会产生高浓度的有害物质暴露。因此,水烟应该被纳入烟草控制计划和政策中,包括禁止香味添加剂和室内吸烟。

4.7　对监管部门的建议

- 要求制造商公布市售水烟(包括 maassel、herbal maassel、水烟石和其他烟草与木炭混合的产品)中烟草和木炭包含的成分和污染物(表 4.2)
- 要求制造商提供水烟产品(含烟草和无烟草产品)中木炭、组件(如软管)和配件(如铝箔)信息,并向监管者披露销售此类产品的意图。
- 一旦水烟管制的法规通过,就要求水烟产品的销售点时刻记录该类产品与管制措施的复合状况。
- 禁止在含烟草和无烟草的水烟产品中使用香精。
- 禁止在室内使用任何形式的水烟产品。
- 告知吸烟者吸水烟有害健康,因为水烟中含有有害化学物质和细菌。

4.8　参考文献

[1]　Philips JE. African smoking and pipes. J Afr History 1983;24:303-19.

[2]   Advisory note: waterpipe tobacco smoking: health effects, research needs and recommended actions by regulators, 2nd ed. Geneva: World Health Organization, WHO Study Group on Tobacco Product Regulation; 2015.

[3]   Shihadeh, A. Investigation of mainstream smoke aerosol of the argileh water pipe. Food Chem Toxicol 2003;41:143-52.

[4]   Schubert J, Heinke V, Bewersdorff J, Luch A, Schulz TG. Waterpipe smoking: the role of humectants in the release of toxic carbonyls. Arch Toxicol 2012;86:1309-16.

[5]   Shihadeh A, Azar S, Antonios C, Haddad A. Towards a topographical model of narghile waterpipe café smoking: a pilot study in a high socioeconomic status neighborhood of Beirut, Lebanon. Pharmacol Biochem Behav 2004;79:75-82.

[6]   Djordjevic MV, Stellman SD, Zang E. Doses of nicotine and lung carcinogens delivered to cigarette smokers. J Natl Cancer Inst 2000;92:106-11.

[7]   Ramôa C, Shihadeh A, Salman R, Eissenberg T. Group waterpipe tobacco smoking increases smoke toxicant concentration. Nicotine Tob Res 2016;18:770-6.

[8]   Maziak W, Rastam S, Ibrahim I, Ward KD, Shihadeh A, Eissenberg T. COexposure, pufftopography, and subjective effects in waterpipe tobacco smokers. Nicotine Tob Res 2009;11:806-11.

[9]   Katurji M, Daher N, Sheheitli H, Saleh R, Shihadeh A. Direct measurement of toxicants delivered to waterpipe users in the natural environment using a real-time insitu smoke sampling (RINS) tech-

nique. J Inhal Toxicol 2010;22:1101-9.

[10] Cobb C, Shihadeh A, Weaver M, Eissenberg T. Waterpipe tobacco smoking and cigarette smoking: A direct comparison of toxicant exposure and subjective effects. Nicotine & Tobacco Research, 13, 78-87, 2011.

[11] Alzoubi K, Khabour O, Azab M, Shqair D, Shihadeh A, Primack B, et al. Carbon monoxide exposure and puff topography are associated with Lebanese waterpipe dependence scale score. Nicotine Tob Res 2013;15:1782-6.

[12] Pulcu E, McNeil A. Smoking patterns in waterpipe smokers compared with cigarette smokers: an exploratory study of puffing dynamics and smoke exposure. Turk J Public Health 2014;12(3)

[13] Brinkman MC, Kim H, Gordon SM, Kroeger RR, Reyes IL, Deojay DM, et al. Design and validation of a research-grade waterpipe equipped with puff topography analyzer. Nicotine Tob Res 2016;18:785-93.

[14] Cobb C, Blank M, Morlett A, Shihadeh A, Jaroudi E, Karaoghlanian N, et al. Comparison of puff topography, toxicant exposure, and subjective effects in low- and high-frequency waterpipe users: a double-blind, placebo-control study. Nicotine Tob Res 2015;17:667-74.

[15] Katurji M, Daher N, Sheheitli H, Saleh R, Shihadeh A. Direct measurement of toxicants delive- red to waterpipe users in the natural environment using a real-time in-situ smoke sampling (RINS) technique. J Inhal Toxicol 2010;22:1101-9.

[16] Shihadeh A, Schubert J, Klaiany J, El Sabban M, Luch A, Saliba N. Toxicant content, physical properties and biological activity of waterpipe tobacco smoke and its tobacco-free alternatives. Tob Control 2014;24(Suppl.1): i22-30.

[17] Sepetdjian E, Saliba N, Shihadeh A. Carcinogenic PAH in waterpipe charcoal products. Food Chem Toxicol 2010;48:3242-5.

[18] Hammal F, Chappell A, Wild TC, Kindzierski W, Shihadeh A, Vanderhoek A, et al. "Herbal" but potentially hazardous: an analysis of the constituents and smoke emissions of tobacco-free waterpipe products and the air quality in the cafés where they are served. Tob Control 2013;24:290-7.

[19] Apsley A, Galea KS, Sánchez-Jiménez A, Semple S, Wareing H, Van Tongeren M. Assessment of polycyclic aromatic hydrocarbons, carbon monoxide, nicotine, metal contents and particle size distribution of mainstream shisha smoke. J Environ Health Res 2011;11:93-103.

[20] Jenkins, R., Guerin, M., & Tomkins, B. (2000). The chemistry of environmental tobacco smoke Lewis Publishers.

[21] Monzer B, Sepetdjian E, Saliba N, Shihadeh A. Charcoal emissions as a source of CO and carcinogenic PAH in mainstream narghile waterpipe smoke. Food Chem Toxicol 2008;46:2991-5.

[22] Schubert J, Hahn J, Dettbarn G, Seidel A, Luch A, Schulz TG. Mainstream smoke of the waterpipe: does this environmental matrix reveal a significant source of toxic compounds? Toxicol Lett 2011;205:279-84.

[23] Al Ali R, Rastam S, Ibrahim I, Bazzi A, Fayad S, Shihadeh AL, et al. A comparative study of systemic carcinogen exposure in waterpipe smokers, cigarette smokers and non-smokers. Tob Control 2015;24:125-7.

[24] Bentur L, Hellou E, Goldbart A, Pillar G, Monovich E, Salameh M, et al. Laboratory and clinical acute effects of active and passive indoor group water-pipe (narghile) smoking. Chest 2014;145:803-9.

[25] Eissenberg T, Shihadeh A. Waterpipe tobacco and cigarette smoking: direct comparison of toxicant exposure. Am J Prev Med 2009;37:518-23.

[26] 26. St Helen G, Benowitz NL, Dains KM, Havel C, Peng M, Jacob P. Nicotine and carcinogen exposure after waterpipe smoking in hookah bars. Cancer Epidemiol Biomarkers Prev 2014;23:1055-66.

[27] Jacob P III, Abu Raddaha AH, Dempsey D, Havel C, Peng M, Yu L, et al. Nicotine, carbon monoxide, and carcinogen exposure after a single use of a water pipe. Cancer Epidemiol Biomarkers Prev 2011;20:2345-53.

[28] Jacob P III, Abu Raddaha AH, Dempsey D, Havel C, Peng M, Yu L, et al. Comparison of nicotine and carcinogen exposure with water pipe and cigarette smoking. Cancer Epidemiol Biomarkers Prev 2013;22:765-72.

[29] Shihadeh A, Eissenberg T, Rammah M, Salman R, Jaroudi E, El-Sabban M. Comparison of tobacco-containing and tobacco-free waterpipe products: effects on human alveolar cells. Nicotine Tob

Res 2014;16:496-9.

[30] Shihadeh A, Salman R, Jaroudi E, Saliba N, Sepetdjian E, Blank MD, et al. Does switching to a tobacco-free waterpipe product reduce toxicant intake? A crossover study comparing CO, NO, PAH, volatile aldehydes, "tar" and nicotine yields. Food Chem Toxicol 2012;50:1494-8.

[31] Kalil Mamoon. Hookah for sale (http://www.khalil-mamoon.com).

[32] Saleh R, Shihadeh A. Elevated toxicant yields with narghile waterpipes smoked using a plastic hose. Food Chem Toxicol 2008;46:1461-6.

[33] Monn C, Kindler P, Meile A, Brändli O. Ultrafine particle emissions from waterpipes. Tob Control 2007;16:390-3.

[34] Shihadeh A, Azar S. A closed-loop control "playback" smoking machine for generating mainstream smoke aerosols. J Aerosol Med 2006;19:137-47.

[35] Shihadeh A, Saleh R. Polycyclicaro matichydro carbons, carbon monoxide, "tar", and nicotine in the mainstream smoke aerosol of then arghile waterpipe. Food Chem Toxicol 2005;43:655-61.

[36] Kroeger RR, Brinkman MC, Buehler SS, Gordon SM, Kim H, Cross KM, Ivanov A, Tefft ME, Saeger C, Sharma E, and Clark PI. The Impact of Variation of Hookah Components on Chemical and Physical Emissions. Presented at the annual conference of the Society for Research on Nicotine and Tobacco, Seattle, WA, February 6, 2014.

[37] Shihadeh AL, Eissenberg TE. Significance of smoking machine toxicant yields to blood-level exposure in water pipe tobacco smokers.

Cancer Epidemiol Biomarkers Prev 2011;20:2457-60.

[38] Shihadeh A, Antonios C, Azar S. A portable, low-resistance puff topography instrument for pulsating, high-flow smoking devices. Behav Res Meth 2005;37: 186-91.

[39] Schubert J, Bewersdorff J, Luch A, Schulz TG. Waterpipe smoke: a considerable source of human exposure against furanic compounds. Anal Chim Acta 2012; 709:105-12.

[40] Schubert J, Müller FD, Schmidt R, Luch A, Schulz TG. Waterpipe smoke: source of toxic and carcinogenic VOCs, phenols and heavy metals? Arch Toxicol 2015;89:2129–39.

[41] Haddad AN. Experimental investigation of aerosol dynamics in the argileh waterpipe. Doctoral dissertation, Departmen to fM echanical Engineering. Beirut:AmericanUniversity of Beirut;2003.

[42] Kim H, Brinkman MC, Sharma E, Gordon SM, Clark PI. Variability in puff topography and exhaled CO in waterpipe tobacco smoking. Tobacco Regulatory Science, 2016;2:301-308.

[43] Maziak W, Ward KD, Soweid RA, Eissenberg T. Tobacco smoking using a waterpipe: a reemerging strain in a global epidemic. Tob Control. 2004;13:327-333. doi:10.1136/tc.2004.008169.

[44] Maziak W, Taleb ZB, Bahelah R, et al. The global epidemiology of waterpipe smoking. Tob Control. 2014. doi:10.1136/tobaccocontrol-2014-051903.

[45] Sepetdjian, E., Halim, R. A., Salman, R., Jaroudi, E., Shihadeh, A., & Saliba, N. A. (2013). Phenolic compounds in particles of mainstream waterpipe smoke. nicotine & tobacco research, 15(6), 1107-

1112.

[46] Schubert, J., Luch, A., & Schulz, T. G. (2013). Waterpipe smoking: analysis of the aroma profile of flavored waterpipe tobaccos. Talanta, 115, 665-674.

[47] Behar, R.Z., Davis, B., Wang, Y., Bahl, V., Lin, S. and Talbot, P., 2014. Identification of toxicants in cinnamon-flavored electronic cigarette refill fluids. Toxicology in vitro, 28(2), pp.198-208.

[48] Soussy, S., Ahmad, E.H., Baalbaki, R., Salman, R., Shihadeh, A. and Saliba, N.A., 2016. Detection of 5-hydroxymethylfurfural and furfural in the aerosol of electronic cigarettes. Tobacco control, pp.tobacco control-2016.

[49] Ambrose, B.K., Day, H.R., Rostron, B., Conway, K.P., Borek, N., Hyland, A. and Villanti, A.C., 2015. Flavored tobacco product use among US youth aged 12-17 years, 2013-2014. Jama, 314(17), pp.1871-1873.

[50] Daher, N., Saleh, R., Jaroudi, E., Sheheitli, H., Badr, T., Sepetdjian, E., Al Rashidi, M., Saliba, N. and Shihadeh, A., 2010. Comparison of carcinogen, carbon monoxide, and ultrafine particle emissions from narghile waterpipe and cigarette smoking: Sidestream smoke measurements and assessment of second-hand smoke emission factors. Atmospheric Environment,44(1),pp.8-14.

[51] Fiala SC, Morris DS, Pawlak RL. Measuring indoor air quality of hookah lounges. Am J Public Health 2012;102:2043-5.

[52] Cobb CO, Vansickel AR, Blank MD, et al. Indoor air quality in Virginia waterpipe cafes. Tob Control 2013;22:338-43.

[53] Zhang, B., Haji, F., Kaufman, P., Muir, S. and Ferrence, R., 2013. 'Enter at your own risk': a multimethod study of air quality and biological measures in Canadian waterpipe cafes. Tobacco control, pp.tobaccocontrol-2013.

5. 针对卷烟的 WHO 烟草实验室网络标准操作规程对水烟的适用性

Marielle Brinkman，美国 Battelle 烟草研究公共卫生中心
Walther Klerx，荷兰国家公共卫生与环境研究所（RIVM）卫生防护中心
Alan Shihadeh，贝鲁特美国大学（黎巴嫩贝鲁特）烟草研究中心
Reinskje Talhout，荷兰国家公共卫生与环境研究所（RIVM）卫生防护中心
Ghazi Zaatari，贝鲁特美国大学（黎巴嫩贝鲁特）病理学和实验医学系

目录

5.1 引言
5.2 抽吸方法
    5.2.1 热源
    5.2.2 水烟头
    5.2.3 水烟头覆盖物
    5.2.4 水
    5.2.5 软管
    5.2.6 滤嘴
5.3 吸烟机
5.4 水烟烟草取样
5.5 样品制备
5.6 内容物和释放物的测定
    5.6.1 水烟烟草的内容物
        5.6.1.1 保润剂

          5.6.1.2　烟碱
      5.6.2　焦油、烟碱和一氧化碳的释放
  5.7　讨论
  5.8　结论和建议
      5.8.1　对监管机构的建议
      5.8.2　对研究人员的建议
  5.9　参考文献

5.1　引　　言

本部分包含现有和未决 ToBabNET SOP 中对于吸水烟的建议，这些建议是 WHO FCTC COP 工作组在 2016 年 2 月的第 9 和 10 号会议上通过审议的。第 4 章已经描述了全球所使用的水烟的特点。

通过吸烟机对烟草制品的有害物质释放进行实验室测试时，需要规定抽吸条件，如抽吸容量、持续时间和间歇时间等。由于吸烟机的抽吸参数对有害物质释放影响很大，因此有必要对抽吸条件进行规范[1-3]。到目前为止，某些科学研究已经报道了一些关于水烟吸烟的研究，其中涵盖了各种人群在实验室和自然环境中的研究。在第 4 章表 4.1 中对这些研究进行了总结，结果显示平均抽吸体积为 500~1000 mL，持续时间为 2~3 s，平均间歇时间为 10~35 s。表中各个研究之间的结果差异可能表明吸烟年数、吸烟频率和环境等因素会影响吸烟条件。一些研究表明水烟的吸烟形式会受烟气中的烟碱水平影响。在一项双盲实验中，当吸烟者在使用无烟碱水烟时，吸烟强度会增强[4]。实验数据还表明，烟碱依赖的程度会影响吸烟者

5. 针对卷烟的 WHO 烟草实验室网络标准操作规程对水烟的适用性

的吸烟形式[5]。尽管如此,但值得注意的是水烟的吸烟量是一支卷烟吸烟量的10倍以上,吸一口水烟的吸烟量与吸整支卷烟相当。因此,卷烟的吸烟参数并不适用于水烟。

迄今为止,水烟研究中最常用的吸烟方案是贝鲁特方法[6],该方法吸烟条件为:吸烟口数171、持续时间 2.6 s、抽吸体积 530 mL、间歇时间 17 s,此外,还需要有木炭的准备和添加程序。该方法是在贝鲁特地区咖啡馆的两项实地活动的基础上提出的[6, 7],并通过测量咖啡馆顾客吸烟时实时采集的烟气中"焦油"、烟碱和一氧化碳的含量对该方法进行了验证[6]。这是迄今为止唯一一种被验证了的方法。

5.2 抽 吸 方 法

如前一节所述,用于卷烟的测试方案并不适用于测试水烟的释放物。在测定水烟释放物含量的时候,需要考虑到很多特殊因素,在后文中将对此进行详细讨论。

5.2.1 热源

目前研究中应用最广的热源是熏香炭。用明火点燃木炭以后,需要将其放在水烟头部 $60^{[8]}$~$100\ s^{[1]}$ 后再开始吸烟机吸烟。

研究人员对两种电热源进行了研究,其中一个是实验室制造的[9],另一种是在市场上购买的⑦。研究中,对热源下方和头部的烟草分

---

⑦ Kroeger RR, Brinkman MC, Buehler SS, Gordon SM, Kim H, Cross KM, et al. The impact of variation of hookah components on chemical and physical emissions. 2014 年 2 月 6 日美国华盛顿西雅图烟碱和烟草研究学会年会

别进行了温度测量，结果显示电热源可以用来模拟炭热源，而且烟气中的大部分 CO 和 PAHs 来源于炭[9]。Kroeger 等②研究也表明烟气中的绝大部分苯来源于炭燃烧。Schubertetal[10] 使用其他研究方法也证实了 Kroeger 的研究结果。因此，对水烟主流烟气进行研究时，应分别使用电热源和炭热源，这样有利于确认有害物质的来源。我们建议，将炭热源和电热源的规程纳入改编的 SOP 或为炭排放制定的单独的 SOP。

5.2.2 水烟头

目前研究中常用的制造水烟头部的材料是陶瓷[1]或金属[8]，但是也有少数研究使用的是玻璃[11]①。尽管还没有被证实，但是普遍认为由于材料的导热系数不同，可能会影响烟草的温度，进一步影响主流烟气中的成分和浓度。我们建议在 SOP 中对水烟头的材料类型、厚度、尺寸（包括直径和孔的数量）进行规定。

释放量还取决于烟草的使用量。因此，需要标准尺寸的水烟头，并计算每克烟草的释放量。为了保证加热装置与烟草之间的距离不变，水烟头应完全填充，并在上面放上加热装置的特殊盖子。

5.2.3 水烟头覆盖物

在大多数吸烟机吸烟的研究中，都使用了铝箔或带有孔的金属托盘来覆盖管道的头部，以使炭或其他热源不接触烟草。这两种材料将热量传递给烟草的效率可能不同，进而可以影响主流烟气中的有害物质含量。我们建议在相应的 SOP 对箔片或托盘的厚度和尺寸以及孔的数量和直径进行规定。根据所使用热源的不同，覆盖头部可能会使热传递减少，因此，在进行检测不应该覆盖头部。

5.2.4 水

应该对水烟中的水量进行规定和测量,因为它与压降或气流阻力直接相关,而在吸烟过程中,吸烟者必须要克服这些阻力才能通过软管吸入烟气。吸烟者通过软管吮吸使碗中的真空度大于另一边时才能吸入烟气[1]。这与孔的大小以及水位有很大关系。我们建议在相应的 SOP 中规定碗的尺寸、杆的长度和水覆盖杆的长度。

5.2.5 软管

大多数的吸烟机吸烟研究中使用的水烟软管都是由皮革或塑料制成的。当使用这两种软管时,主流烟气中的 TPM 和 CO 含量会升高达到原来的两倍多,其原因是软管不仅导致空气渗入[12]而且会导致水分从塑料或皮革孔流失[13]。但是烟碱水平没有显著改变[12]。我们建议 SOP 指定使用塑料软管以减少因皮革的孔隙率不同和湿度造成的差异,此外,还应该指定软管的长度和直径,因为这些因素会影响流动阻力和颗粒沉积。

5.2.6 滤嘴

卷烟主流烟气中的大部分烟碱(90%~99%)以质子化的形式存在,它们会附着在烟气气溶胶上[14,15]。卷烟组分的标准分析方法为:将 TPM 收集到玻璃纤维滤纸上,用溶剂萃取,最后用 GC 定量[16]。在抽水烟过程中产生的 TPM 质量可能是卷烟的 10~100 倍[17]。因此,在水烟机吸烟期间,要保证过滤器不能过载,因为这会造成压降增大,进而导致样品滞留、损坏过滤器和 / 或泵过载。

在常规测试中，吸烟机吸烟过程中不应该更换过滤垫，因为这可能会影响抽吸容量。在吸烟机吸烟方案保持不变的情况下，系统无法在更换过滤垫后检查是否漏气，并且对于重复组分分析，密封系统是至关重要的。有研究报道，在吸一口水烟时，主流烟气中的 TPM 含量为 1~2.7 g[1, 8]，60% 的 TPM 被水除去。烟碱可以在水中溶解，在有水和没有水的情况下分别进行实验，结果表明，约 75% 的烟碱被保留在水中[1]。水烟气溶胶含水量高，因此在采集烟雾样品时要避免使用如聚四氟乙烯之类的疏水过滤介质，以避免堵塞；在诸如玻璃纤维芯的亲水性介质中，水分会沿着过滤纤维传送。烟碱主要存在于粒相物中，因此，在吸烟机吸烟过程中只要过滤器没有超载（或者变得饱和以至于在过滤器的背面发现液滴），便可以有效地捕获到烟碱。对于既可以分布在气相也可以分布于粒相的半挥发性分析物，它保留在过滤器上的量受颗粒大小分布、吸湿性和抽吸持续时间等变量的影响[18]。

在 SOP 中，建议将主流烟气至少分流为两支，并且安装两个滤片（直径为 92 mm），以确保粒相物负荷保持在过滤器的承载能力范围内。对于由于颗粒大小不同和滤片的符合性而导致的半挥发性化学品的穿透，则需要进行更多的测试。

5.3 吸 烟 机

由于水烟和卷烟的抽吸参数和机械设计不同，用于测试卷烟释放的分析型吸烟机不能用于测试水烟。为了确定水烟烟气的释放量，水烟吸烟机必须包含水烟的主要组件，如水烟头、体部、瓶子和抽吸装置。尽管水烟吸烟机的吸烟参数仍有待确定，但它必须要满足

5. 针对卷烟的 WHO 烟草实验室网络标准操作规程对水烟的适用性

以下要求：
- 适用于各种类型和含量的水烟烟草或 molasses 的检测；
- 适用于不同类型的热源装置（如炭、电加热）；
- 组件要耐化学腐蚀、惰性和无污染，包括所有的管道、软管和连接器；
- 对不同类型和尺寸的瓶子都适用；
- 抽吸体积至少为 1000 mL；
- 能够连接到不同的采集系统以获得粒相物和气相物；
- 有管道、软管、收集装置和其他组分，每个组分的长度、直径和位置都是确定的；
- 包括用于设置参数、控制设备以及存储和打印数据的装置。

ISO/TC 126 中的一个工作组正在为水烟吸烟机制定定义和标准条件。而 Borgwaldt GmbH 已经制造出了一种用于产生水烟烟气的吸烟机（图 5.1）。水烟吸烟机中的加热装置和用于确定水烟烟气释放量的设置都应根据未来的需求和法规进行相应的调整。第 5.4 节中具体描述了检测水烟排放的吸烟机的具体要求及其对释放的可能影响。建议在检测水烟排放时使用标准的水烟设计和吸烟方案。

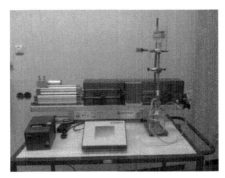

图 5.1 Borgwaldt GmbH 制造的分析式水烟吸烟机

5.4 水烟烟草取样

目前,卷烟主要是根据 ISO 8243 进行监管[19]。该 ISO 中描述了对零售点、制造商及进口商的卷烟样品进行一次取样或一段时间取样的方法。这个标准中还建立了在 ISO 抽吸条件下的焦油、烟碱和 CO 释放量的置信区间。自卷烟或自制烟草制品的取样在 ISO 15592 第 1 部分[20]进行了描述,与卷烟取样类似。

在对烟草制品(包括水管烟草)进行抽样时,必须在一次或一段时间内获得特定产品的有代表性的样品。当消费者所使用的所有样品都符合规定时,抽样和测试应该一次完成。当检查产品是否符合规定时,建议隔一段时间采样,但每批次样品都要进行测试。

抽样地点(制造商或进口商的销售点或场所)要根据抽样目的来选择:确定消费者使用的产品是否符合法规;制造商或进口商或进口的水烟烟草是否符合规定。由于监管的目的是保护消费者,因此最好在销售点进行取样。但这样做也存在不足,即制造商或进口商可能声称在产品离开处所后不对其负责。为了避免制造商或进口商的操作(预先选择符合要求的样品),建议由政府机构或独立机构安排抽样。

这些取样建议也适用于相关的待测产品,如木炭。

5. 针对卷烟的 WHO 烟草实验室网络标准操作规程对水烟的适用性

5.5 样品制备

本节所述的样品制备是指从开始准备测试到测试程序开始时的整个过程中对烟草样品所进行的处理。对于某个特定样品，对其进行前处理时用到的特殊准备方法也包含在这部分。样品制备的主要目标是从实验室样品中得到均匀、稳定、有代表性的部分进行测试。其中比较重要的步骤是水烟烟叶的混合和纯化。

由于所有的水烟销售商都遵守法规限制，因此每个水烟产品的包装都是一致的。但是水烟烟草却很不均匀。吸烟者在吸烟前可能要自己剔除烟草中的某些成分，如茎等。对于这些不均一的成分，需要进行进一步的调查来确定它们对水烟烟草含量及释放量的影响，此外，也应该明确吸烟者会如何处理这些成分。根据研究结果来决定在进行样品准备时，是否要剔除这些成分。

检测的次数取决于容许误差的范围和置信区间（CI）。对于卷烟，ISO 8243[19]规定需要对 20 只卷烟的测试结果进行平均，其中每一支卷烟都要在吸烟机上进行分析，以验证其是否符合法规。考虑到每份水烟之间的差异性和可接受的 CI，对水烟进行测试时应选的样品数仍然有待确定。测量的 CI 可以根据不同实验室的研究结果来确定。ISO 8243[19]中焦油和烟碱的 CI 为 20%，CO 为 25%。CI 主要取决于每个产品之间的差异和特定成分的分析变异性，可通过设定最大可接受的 CI 来限制待测物的数量。

测定水烟烟草组分和释放量的第一步是称量一定质量的样品，在这个过程中，样品的水分含量是一个重要变量，在样品质量相等时，水分含量越高，意味着烟草的量越少。对于其他烟草制品（卷烟和自卷烟），相对湿度取决于所需的水分含量。按照 CORESTA 推荐的方法，卷烟约为 13%，自卷烟约为 20%[20]，对应于相对湿度分别为 60% 和 75%。由于所有的产品均储存在 22℃，因此不需要根据水分含量来调节温度。对于水烟烟草来说，储存条件可能会影响某些成分的测定结果。出于监管的目的，可以将水烟的检测结果告知消费者。

水烟烟丝通常被装在密封容器中出售，由于水分含量不同，随着时间的改变，同一实验室以及不同实验室间的检测结果可能会不同。为了减少这种变化，可以对水烟烟草产品设定监管限制，如在测定前先检测水分含量或者对其进行干燥。但是这两种额外的处理势必会增加水烟烟草的检测成本。由于水和烟碱都可溶于异丙醇，所以可以考虑同时检测烟碱含量和水分含量，但仍需要进一步的实验来验证这种检测方法的可行性。

烟丝水分含量会影响吸烟过程中的烟气排放。为了尽量减少随着时间的改变、水烟烟气释放量的变化，水烟产品应该在规定的条件下进行保存，并且检测时的抽吸条件也要固定。用异丙醇萃取水烟中的水分然后进行检测，结果显示水烟的水分含量为 10%~30%。要调节烟草的相对湿度需要几个步骤，不适用于实际操作，因此应该设置针对水烟烟草相对湿度的规范。将水烟与卷烟和自卷烟进行比较，结果显示存储水烟时相对湿度应该调节为 75%，而不是 60%。但是由于极少数的实验室达到这个条件，这种情况下可以将水烟储存在相对湿度为 60%，温度为 22℃的条件下，在 ISO 3402[22] 中对此进行了描述。此外，应该有进一步的研究以明确水烟的最短和最长储存时间，并且应该在 SOP 中明确表述。

5. 针对卷烟的 WHO 烟草实验室网络标准操作规程对水烟的适用性

目前，环境温度和湿度对吸水烟的影响还不明确。当温度为 22℃、相对湿度为 60% 时，尽管卷烟和自卷烟的含水量不同，它们都可以使用。因此，建议水烟的机器吸烟条件为 22℃、相对湿度 60%。

5.6 内容物和释放物的测定

TobLabNet 对 3 种卷烟内容物含量的测定方法和 4 种释放物含量的测定方法进行了验证，下文对这些方法在水烟测定中的应用进行讨论。

5.6.1 水烟烟草的内容物

在 TobLabNet SOP 验证过的 3 种卷烟烟草的测定方法中，讨论了有关保湿剂和烟碱的测定方法在水烟中的应用。

5.6.1.1 保润剂

TobLabNet SOP-06 中测定卷烟烟草填料中保润剂的方法适用于甘油、丙二醇和三甘醇。卷烟中甘油和丙二醇的含量在 0.5%~4%，而三甘醇作为生产过程中使用保润剂的可能污染物，在卷烟烟草中很少存在。与此相反，在 44 种水烟产品中，有 6 种鉴定出含有三甘醇，且几乎所有水烟产品中的甘油含量都比卷烟高[23]。

Rainey 等[23] 在水烟中对 TobLabNet SOP-06 中的保润剂萃取方法进行了验证，结果表明可以按照 TobLabNet SOP-06 的方法对水烟中的保润剂进行萃取，而无需对这个方法进行调整。

由于水烟烟草中的甘油的含量很高，所以在设置 GC 程序时应注意避免甘油和三甘醇的共洗脱。并且由于水烟中甘油和丙二醇的含量较高，因此应该对线性范围进行相应的调整。

5.6.1.2 烟碱

TobLabNet SOP-04 中对卷烟中烟碱的测定方法进行了验证。在该方法中，用水、氢氧化钠溶液和正己烷提取卷烟烟草中的烟碱。在萃取过程中，烟碱将会被转移到正己烷中，最后用 GC-FID 进行检测。

水烟烟叶中高浓度的保润剂可能会导致烟碱提取不完全。应该通过检测甘油、丙二醇或不同萃取液中烟碱的加标回收率来验证。

TobLabNet SOP-04 中烟碱的测定方法是 GC-FID。目前，这项技术已经广泛地被用于测定各种基质中的烟碱含量。但是，水烟烟草中不仅含有高浓度的保润剂，还含有各种各样的香精，这些组分中可能会含有干扰烟碱检测的化学物质（图 5.2）。

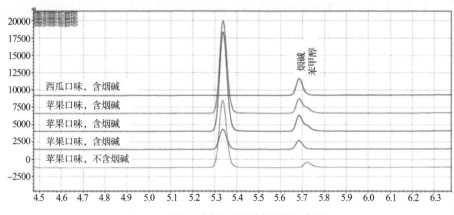

图 5.2　不同口味水烟中烟碱含量的色谱分析

5. 针对卷烟的 WHO 烟草实验室网络标准操作规程对水烟的适用性

因为水烟烟草有很多种口味,因此要通过改变色谱参数来避免香精的共洗脱是非常耗时且很难做到的。相比而言,使用气相色谱-质谱法来定量检测水烟中的烟碱可能会更实用且更准确。

5.6.2 焦油、烟碱和一氧化碳的释放

卷烟释放测定的结果取决于吸烟机的类型、抽吸方案、成分捕集、样品制备和萃取以及测定方法。本部分主要讨论用于捕集目标组分、样品制备和萃取方案的适用性,并讨论经过方案调整后该方案是否可以用于水烟的检测。

在测定卷烟释放物的时候,TobLabNet SOP 中规定的捕集系统为:
- 针对焦油、烟碱和苯并 [a] 芘和 TSNA 的 CFP;
- CO 的气体采样袋;
- 针对醛类和 VOC 的 Carboxen 过滤管。

总的来说,是否可以将 TobLabNet SOP 用于测定水烟释放物取决于水烟中各组分的浓度、检测的灵敏度、是否存在干扰目标成分捕获的物质以及所用的仪器。

如 ISO 3308[24] 所述,用于收集卷烟烟气粒相物的 CFP 可以收集直径 ≥ 0.3 μm 的微粒,捕获效率为 >99.9%。ISO 4387[16] 中指出,对于不同类型的卷烟吸烟机(直线或转盘),当滤片捕获超过 150 mg(直线)或 600 mg(转盘)颗粒物时,可能会发生滤片破损。水烟的组成会影响 CFP 对颗粒相的收集。当水烟的总颗粒物与卷烟大致相同时,可以使用与卷烟相同的 CFP。此外,需要有更多研究来明确用于收集卷烟烟气中颗粒相的 CFP 是否也适用于水烟烟气中颗粒相的收集。

在水烟烟气组成成分和吸烟机抽吸方式一定的条件下,应该对

捕获装置捕获水烟烟气中特定成分的效率进行研究。如果捕获装置不能收集一轮抽吸中的所有成分，这时便需要对捕获装置进行更换，其中包括调整吸烟机如引入多捕集系统或在吸烟期间引入压降监测来确定何时需要更换捕集装置。在后一种情况下，要采取特殊防护措施来防止更换疏水阀时发生泄漏。因为至少需要同时安装两个捕集器，所以在这个过程中需要用到特殊的 CFP 夹持器。

假设水烟中所有的烟碱都存在于粒相物中，CFP 将能捕获到其中所有的烟碱。这时，用异丙醇提取 CFP 上的烟碱，水烟中的水分含量不会对结果产生影响。需要进一步的研究来确定 CFP 的数量和萃取体积以达到定量烟碱的最优条件。

当水烟烟草含有大量的香精时，水烟烟气中也会有香精存在。但是需要有进一步的研究来明确这些香精是否会被 CFP 捕获从而影响烟碱定量，以及香精物质是否都存在于气相中。

水烟烟气中 CO 的含量显著高于卷烟烟气[25, 26]。卷烟烟气中的 CO 用吸烟机制造商提供的气体采样袋来收集，每个气体采样袋可容纳 3 L（直线吸烟机）或 10 L（转盘吸烟机）气体。气体收集袋的尺寸可以根据吸烟机抽吸方式来调整。另一种收集方式是保持吸烟的口数不变，用气体采集袋收集一定口数的烟气。由于 CO 对人体有害，因此在对其进行测定时必须采取一定的预防措施。为了保证实验室人员不受 CO 的影响，建议将水烟吸烟机放置在排气系统中，在安全的环境中对气体收集袋进行放气且工作人员需要佩戴个人报警系统。

实验室测试表明，水烟烟气中的 CO 水平取决于加热烟丝的设备[9]。当使用电加热装置时，几乎没有 CO 排放。因此可以推断 CO 是由炭加热装置产生的而并非来源于烟叶。目前还没有检测炭加热

5. 针对卷烟的 WHO 烟草实验室网络标准操作规程对水烟的适用性

装置中 CO 产生和释放的标准方法。

5.7 讨 论

WHO FCTC 表示对烟草产品进行管制是非常有必要的，它对于预防吸烟、戒烟以及保护公众不受二手烟的危害具有重要意义[27]。2003 年，烟草制品管制科学咨询委员会[28]对烟草制品的内容物和释放量进行了讨论，建议对烟草制品中有害物质的含量和释放量设定上限。通过 IARC 与世界卫生组织无烟草行动组之间的合作，这项建议已逐渐开始实施。与 IARC 合作的目的是根据其毒性来限制排放量。

虽然在标准抽吸方案（ISO/FTC[16]，Massachusetts Benchmark[29]，Canadian Intense[30]）下，吸烟机抽吸卷烟产生的化学物质释放量不能反映人体的暴露水平[31]，但是它们可以提供建立和监管卷烟化学物质产量阈值的框架。按照这种方法，当卷烟中化学物质的含量超过阈值时，这种卷烟会被限制销售。随着时间的推移，允许的排放水平可以不断降低，并且可以逐渐对其他有害物质进行监管，从而逐渐降低市售卷烟的危害。

这种基于性能的模式特别适用于卷烟，因为卷烟与大多数烟草制品不同，它呈现给消费者的形式是随时可用。正因为如此，卷烟的排放量也相对固定，并可以通过给定的方法进行重复测定，一般相对于标准偏差的变化范围在 15% 以内[32]。并且是否能满足监管要求的主要责任在于生产制造商。但是这个特征在很多烟草制品中都不适用，因为它们没有标准的产品规格，如比迪烟、自卷烟和水烟。

烟草制品管制科学基础报告：
WHO 研究组第六份报告

对于水烟，虽然最终产品的每个组件都是按照统一的规格制造的，但是这些组件怎么组合则是由吸烟者自己决定的或者是在无质量控制的家庭工业中进行的。这种组合的非标准产品涉及了消耗品和硬件的选择和准备。水烟吸烟者选择的组件和配件，如烟草制品、炭和铝箔等，可能每种材料的来源都不同，且每种材料都可以通过烟气中某些物质的直接来源或者与其他组分相互作用来影响烟气的排放。例如，虽然大部分水烟烟气中的致癌 PAH 来源于燃烧的炭，但是 PAH 只有与烟草混合物释放出的颗粒物结合后才能到达烟气。当没有由烟草混合物产生的颗粒物质时，PAH 会沉积在水烟的内表面上，并且会大量存在于烟气中[9]。另外一个交互作用影响有害物质释放的例子是水烟软管的孔隙度和水烟的燃烧条件。软管孔隙度是制造材料和施工质量的一个体现，它会影响经木炭到达水烟头的空气量。软管的孔越多，则进入水烟头部的空气越少，这会影响炭燃烧条件和水烟烟草制备的传热率，进而影响"焦油"和 CO 排放[12]。因此，水烟的有害物质释放量取决于吸烟者选择的组件组合。并且水烟释放量是否符合标准并非取决于市售的组件⑧。

此外，除烟碱释放外，不含烟草的水烟产品（宣传中常宣称：关注健康者的选择）释放出的烟气中具有与常规含烟草的产品基本相同的有害物质含量及生物活性[33-35]。由于缺乏独立表征不同消耗品（炭、烟草、铝箔）和硬件排放的方法，设置用于水烟制品监管的排放标准是非常复杂的。

因此，一种更简单的方法——对产品的内容物进行监管——也许是可行的。例如对已知的会导致释放物中有害物质含量升高或者

---

⑧ 受 COP 委托编写的本报道没有包含在发展 SOP 时需要考虑的复杂的相互作用。原因是现有的文献数量较少，无法基于这些文献发展考虑交互作用的 SOP

5. 针对卷烟的 WHO 烟草实验室网络标准操作规程对水烟的适用性

污染环境,且不会影响使用的水烟产品添加剂进行限制(例如烟叶中的重金属)。根据 TobReg 提出的排放标准,当在市售的产品中发现污染物含量存在差异时,可以颁布法规以将其浓度限制为最小观察值。这种方法可以立即应用到水烟木炭的管理上。不同类型水烟木炭中的 PAH 含量差异很大[36],并且烟气中很大一部分的多环芳烃都来源于木炭。与此类似的是,烟草配方对烟气中重金属的含量(如铅、铬、砷、镍)影响很大,因此需要限制烟草配方中的重金属浓度不超过市售产品中已发现的最低浓度。有趣的是,呋喃和醛的释放与烟草制剂中保润剂含量[37, 38]成反比,这可能是因为当保润剂含量高时,烟草燃烧时所达到的温度较低。

因此,在短期内,监管的重点可以放在市售水烟产品中已经发现的有害污染物上——包括烟草和木炭——如无机金属和元素[39, 40]、烟碱[41]、TNSA[26] 和 PAH[9, 36] 等。表 5.1 对这些物质进行了总结。此外,烟草-保润剂混合物的 pH 可能影响主流烟气中总烟碱含量,也就是生物利用度更高的非质子化或"游离碱"形式的烟碱[14, 42]。

表 5.1 可用于水烟监管的存在于烟草和炭中的化学物

水烟样品基质	监控的化学品	目标化学物和基质
烟草	碱度	pH
	保润剂	二甘醇、乙二醇、甘油、丙二醇
	无机金属和元素	砷、镉、铬、钴、铅、汞、镍、硒
	烟碱	烟碱
	TSNA	NNN、NNK、NAT、NAB
炭	无机金属和元素	砷、镉、铬、钴、铅、汞、镍、硒
	PAH	萘、苊烯、苊、芴、菲、蒽、荧蒽、芘、苯并[a]蒽、䓛、苯并[b+k]荧蒽、苯并[a]芘、苯并[ghi]苝、二苯并[a,h]蒽、茚并[1,2,3-cd]

从长远来看,随着证据支持和标准化测量方法的建立,水烟中

需要进行管制的成分可能会逐渐增多，包括水烟中使有害物质排放增加的成分，具体见表 5.2。

表 5.2　推荐对水烟烟草和炭中的以下化学物进行检测

监控的化学品	目标化学物质
醛	乙醛、丙烯醛、丁烯醛、甲醛
芳香胺	1- 萘胺、2- 萘胺、4- 氨基联苯
香精	乙酰丙酰、丁二酮
呋喃	5-(羟甲基)-2- 糠醛、3- 呋喃甲醇、呋喃甲醇、2- 呋喃甲酸、2- 呋喃甲醛、3- 呋喃甲醛、2- 呋喃甲基酮、5- 甲基 -2- 呋喃甲醛、甲基 -2- 糠酸盐
保润剂	二甘醇、乙二醇、甘油、丙二醇
无机金属和元素	砷、镉、铬、钴、铅、汞、镍、硒
烟碱	烟碱
PAH	萘、苊烯、苊、芴、菲、蒽、荧蒽、芘、苯并 [a] 蒽、䓛、苯并 [b+k] 荧蒽、苯并 [a] 芘、苯并 [ghi] 苝、二苯并 [a,h] 蒽、茚并 [1,2,3-cd]
酚类	邻苯二酚、间甲苯酚、邻甲苯酚、对甲苯酚、苯酚
TSNA	NNN、NNK、NAT、NAB
VOC	丙烯腈、苯、1,3- 丁二烯，CO、异戊二烯

5.8　结论和建议

有关水烟烟气毒性、成瘾性和吸引力的证据表明迫切需要相关公共卫生干预来对烟草制品进行管制 [17]。然而，可以用于检测水烟主流烟气中的有害物质含量的方法比较缺乏，且目前尚没有标准的针对水烟烟气分析方法可以为水烟监管奠定基础。考虑到水烟中组件、配件、烟草、热源和抽吸方式之间相互作用的复杂性，以及水烟产品的类型众多，要对水烟产品进行管制，如对已知的可以增加水烟有害物质释放量、成瘾性和吸引力的化学物质进行检测和报告，

5. 针对卷烟的 WHO 烟草实验室网络标准操作规程对水烟的适用性

也许会比从水烟设计、热源、烟草制剂、吸烟方式等方面对水烟排放进行调节更有效。

回顾前文中的数据可以得出如下结论：

- 与卷烟相比，水烟的特点为抽吸容量更大，流速更快，抽吸口数更多。
- 吸烟机吸烟产生的水烟有害物质释放量受抽吸方式的影响。
- 需要有针对水烟的吸烟机来测定水烟释放物，这种吸烟机应该是可以在市场上购买到。
- 有害物质释放量不仅仅是由水烟、炭或烟草配方单独决定的，而是取决于这些因素的交互作用以及抽吸方式。
- 必须对测定水烟成分和释放量的标准 TobLabNet 操作程序进行修改，以便应用到水烟产品的测试中。
- 标准 TobLabNet 操作程序不适用于测量炭的成分。
- 出于研究目的，可以用 Beirut 方法来产生水烟烟气。

5.8.1 对监管机构的建议

（1）水烟管制的重点是在水烟烟草产品和炭的化学成分。

（2）应该对标准 TobLabNet 操作程序进行调整，以用于测定水烟中的烟碱、TSNA 和保润剂的含量。

（3）应对现有的分析方法进行调整，并应用于测定水烟烟草（和无烟草）产品的 pH 和重金属含量。

（4）应对现有的分析方法进行调整，并应用于测定炭热源水烟产品中的金属和 PAH 释放量。

（5）按照 TobReg[43] 推荐的方法，监管的重点应该放在降低水烟产品中 TSNA、PAH 和重金属含量上。受管制的成分清单应该随着有关有害物质释放和 / 或健康效应的认识的更新而不断更新。

5.8.2 对研究人员的建议

应阐明水烟烟草产品成分、木炭组成、抽吸方式、水烟设计和水烟使用环境对有害物质排放的影响,以促进水烟产品管制。

5.9 参 考 文 献

[1] Shihadeh, A. Investigation of mainstream smoke aerosol of the argileh water pipe. Food Chem Toxicol 2003;41:143-52.

[2] Djordjevic MV, Stellman SD, Zang E. Doses of nicotine and lung carcinogens delivered to cigarette smokers. J Natl Cancer Inst 2000;92:106-11.

[3] Ramoâ C, Shihadeh A, Salman R, Eissenberg T. Group waterpipe tobacco smoking increases smoke toxicant concentration. Nicotine Tob Res 2016;18:770-6.

[4] Cobb C, Blank M, Morlett A, Shihadeh A, Jaroudi E, Karaoghlanian N, et al. Comparison of puff topography, toxicant exposure, and subjective effects in low-and high-frequency waterpipe users: a double-blind, placebo-control study. Nicotine Tob Res 2015;17:667-74.

[5] Alzoubi K, Khabour O, Azab M, Shqair D, Shihadeh A, Primack B, et al. Carbon monoxide exposure and puff topography are associated with Lebanese waterpipe dependence scale score. Nicotine Tob

Res 2013;15:1782-6.

[6] Katurji M, Daher N, Sheheitli H, Saleh R, Shihadeh A. Direct measurement of toxicants delivered to waterpipe users in the natural environment using a real-time in-situ smoke sampling (RINS) technique. J Inhal Toxicol 2010;22:1101-9.

[7] Shihadeh A, Azar S, Antonios C, Haddad A. Towards a topographical model of narghile waterpipe café smoking: a pilot study in a high socioeconomic status neighborhood of Beirut, Lebanon. Pharmacol Biochem Behav 2004;79:75-82.

[8] Schubert J, Hahn J, Dettbarn G, Seidel A, Luch A, Schulz TG. Mainstream smoke of the waterpipe: Does this environmental matrix reveal a significant source of toxic compounds? Toxicol Lett 2011;205:279-84.

[9] Monzer B, Sepetdjian E, Saliba N, Shihadeh A. Charcoal emissions as a source of CO and carcinogenic PAH in mainstream narghile waterpipe smoke. Food Chem Toxicol 2008;46:2991-5.

[10] Schubert J, Müller FD, Schmidt R, Luch A, Schulz TG. Waterpipe smoke: source of toxic and carcinogenic VOCs, phenols and heavy metals? Arch Toxicol 2015;89:2129-39.

[11] Brinkman MC, Kim H, Gordon SM, Kroeger RR, Reyes IL, Deojay DM, et al. Design and validation of a research-grade waterpipe equipped with puff topography analyzer. Nicotine Tob Res 2016;18:785-93.

[12] Saleh R, Shihadeh A. Elevated toxicant yields with narghile waterpipes smoked using a plastic hose. Food Chem Toxicol

2008;46:1461-6.

[13] Haddad AN. Experimental investigation of aerosol dynamics in the argileh water pipe. Doctoral dissertation, Department of Mechanical Engineering. Beirut: American University of Beirut; 2003.

[14] Pankow JF, Tavakoli AD, Luo W, Isabelle LM. Percent free base nicotine in the tobacco smoke particulate matter of selected commercial and reference cigarettes. Chem Res Toxicol 2003;16:1014-8.

[15] Watson CH, Trommel JS, Ashley DL. Solid-phase microextraction-based approach to determine free-base nicotine in trapped mainstream cigarette smoke total particulate matter. J Agric Food Chem 2004;52:7240-5.

[16] ISO/TC 126. Tobacco and tobacco products – ISO 4387: Cigarettes-Determination of total and nicotine-free dry particulate matter using a routine analytical smoking machine. (http://www.iso.org/iso/home/store/catalogue_tc/ catalogue_ detail.htm?csnumber=28323).

[17] Shihadeh A, Schubert J, Klaiany J, Sabban ME, Luch A, Saliba NA. Toxicant content, physical properties and biological activity of waterpipe tobacco smoke and its tobacco-free alternatives. Tob Control 2014;24 (Suppl.1):i22-30.

[18] Gupta A, Novick VJ, Biswas P, Monson PR. Effect of humidity and particle hygroscopicity on the mass loading capacity of high efficiency particulate air (HEPA) filters. Aerosol Sci Technol 1993;19:94-107.

[19] ISO/TC 126. Tobacco and tobacco products-ISO 8243: Ciga-

rettes-Sampling (http://www. iso.org/iso/home/ store/catalogue_tc/ catalogue_detail.htm?csnumber=60154).

[20] Darrall KG, Figgins JA. Roll-your-own smoke yields: theoretical and practical aspects. Tob Control 1998;7:168-75.

[21] CORESTA recommended method No. 42. Atmosphere for conditioning and testing fine-cut tobacco and fine-cut smoking articles. Paris: Cooperation Centre for Scientific Research Relative to Tobacco (http://www. coresta.org/Recommended_Methods/CRM_42.pdf).

[22] ISO/TC 126. Tobacco and tobacco products-ISO 3402: Tobacco and tobacco products-Atmosphere for conditioning and testing (http://www.iso.org/iso/home/search.htm?qt=3402&sort=rel&type=simple&published= on).

[23] Rainey CL, Shifflett JR, Goodpaster JV, Bezabeh DZ. Quantitative analysis of humectants in tobacco products using gas chromatography (GC) with simultaneous mass spectrometry (MSD) and flame ionization detection (FID). Beitr Tabakforsch Int 2013;25:576-85.

[24] ISO/TC 126. Tobacco and tobacco products-ISO 3308: Routine analytical cigarette-smoking machine-Definitions and standard conditions (http://www.iso.org/iso/home/store/catalogue_tc/catalogue_detail. htm?csnumber=60404).

[25] Maziak W, Rastam S, Ibrahim I, Ward KD, Shihadeh A, Eissenberg T. CO exposure, puff topography, and subjective effects in waterpipe tobacco smokers. Nicotine Tob Res 2009;11:806-11.

[26] Jacob P III, Abu Raddaha AH, Dempsey D, Havel C, Peng M, Yu

L, et al. Nicotine, carbon monoxide, and carcinogen exposure after a single use of a water pipe. Cancer Epidemiol Biomarkers Prev 2011;20:2345-53.

[27] WHO Framework Convention on Tobacco Control. Geneva: World Health Organization; 2003.

[28] Scientific Advisory Committee on Tobacco Product Regulation Recommendation on Tobacco Product Ingredients and Emissions. Geneva: World Health Organization; 2003.

[29] Borgerding MF, Bodnar JA, Wingate DE. The 1999 Massachusetts benchmark study-final report. 2000. Bates 431106896-431107018 (http://legacy.library.ucsf.edu/tid/kjo36j00/pdf,accessed 15 April 2015).

[30] Official methods for the collection of emission data on mainstream tobacco smoke. Ottawa: Health Canada (http://laws-lois.justice.gc.ca/eng/regulations/SOR-2000-273/page-14.html).

[31] Smoking and tobacco control (Monograph No. 13). Bethesda, MD: National Cancer Institute, Department of Health and Human Services. 2001:39≠63.

[32] Eldridge A, Betson TR, Gama MV, McAdam K. Variation in tobacco and mainstream smoke toxicant yields from selected commercial cigarette products. Regul Toxicol Pharmacol 2015;71:409-27.

[33] Shihadeh A, Salman R, Jaroudi E, Saliba N, Sepetdjian E, Blank M, et al. Does switching to a tobacco-free waterpipe product reduce toxicant intake? A crossover study comparing CO, NO, PAH, volatile aldehydes, "tar" and nicotine yields. Food Chem Toxicol

2012;50:1494-8.

[34] Hammal F, Chappell A, Wild T, Kindzierski W, Shihadeh A, Vanderhoek A, et al. "Herbal" but potentially hazardous: an analysis of the constituents and smoke emissions of tobacco-free waterpipe products and the air quality in the cafés where they are served. Tob Control 2013;24:290-7.

[35] Shihadeh A, Eissenberg T, Rammah M, Salman R, Jaroudi E, Sabban M. Comparison of tobacco-containing and tobacco-free waterpipe products: effects on human alveolar cells. Nicotine Tob Res 2014;16:496-9.

[36] Sepetdjian E, Saliba N, Shihadeh A. Carcinogenic PAH in waterpipe charcoal products. Food Chem Toxicol 2010;48:3242-5.

[37] Schubert J, Heinke V, Bewersdorff J, Luch A, Schulz T. Waterpipe smoking: the role of humectants in the release of toxic carbonyls. Arch Toxicol 2012;86:1309-16.

[38] Schubert J, Bewersdorff J, Luch A, Schulz T. Waterpipe smoke: a considerable source of human exposure against furanic compounds. Anal Chim Acta 2012;709:105-12.

[39] Saadawi R, Figueroa JAL, Hanley T, Caruso J. The hookah series part 1: total metal analysis in hookah tobacco (narghile, shisha) – an initial study. Anal Meth 2012;4:3604-11.

[40] Schubert J, Müller FD, Schmidt R, Luch A, Schulz TG. Waterpipe smoke: source of toxic and carcinogenic VOCs, phenols and heavy metals? Arch Toxicol 2015;89:2129-39.

[41] Hadidi KA, Mohammed FI. Nicotine content in tobacco used in

hubble-bubble smoking. Saudi Med J 2004;25:912-7.

[42] Stepanov I, Fujioka N. Bringing attention to e-cigarette pH as an important element for research and regulation. Tob Control 2015;24:413-4.

[43] Burns DM, Dybing E, Gray N, Hecht S, Anderson C, Sanner T, et al. Mandated lowering of toxicants in cigarette smoke: a description of the World Health Organization TobReg proposal. Tob Control 2008;17:132-41.

6. 无烟烟草制品的有害内容物和释放物

Stephen Stanfill，美国疾病控制与预防中心

目录

6.1 引言
 6.1.1 全球流行情况
 6.1.2 无烟烟草制品在制造和物理特性上的多样性
6.2 产品构成
 6.2.1 烟草
 6.2.2 添加剂
6.3 无烟烟草制品的释放物
 6.3.1 烟碱
 6.3.2 有害物质和致癌物
  6.3.2.1 烟草特有亚硝胺
  6.3.2.2 挥发性亚硝胺
  6.3.2.3 挥发性醛
  6.3.2.4 多环芳烃
  6.3.2.5 槟榔
  6.3.2.6 金属
  6.3.2.7 硝酸盐和亚硝酸盐
 6.3.3 微生物及其组成
6.4 降低无烟烟草制品中的有害物质浓度
6.5 结论和建议
6.6 参考文献

6.1 引　言

本报告是根据缔约方大会第六次会议（俄罗斯联邦莫斯科，2014年10月13~18日）向公约秘书处提出的要求编写的，即邀请世界卫生组织编写一份关于无烟烟草制品中的有害物质及其释放物的报告。

无烟烟草包含工业产品（湿鼻烟、干鼻烟、含化型、gutkha、khaini、snus、咀嚼烟草、zarda）和手工制剂（槟榔嚼块、dohra、tombol、toombak、iq'mik）（表6.1）。大多数无烟烟草制品都是经口服用的，但是也有部分干燥产品是经鼻使用的。口服的无烟烟草制品和制剂可以通过咀嚼、吮吸的方式黏（"蘸"）在口腔黏膜或牙齿和牙龈上。在产品的使用过程中，会释放具有成瘾性和有害的化学物质，这些物质可以经过黏膜吸收[1]，最后进入血液[2, 3]。使用无烟烟草制品会导致癌症发生[4]。近期，有一项系统综述总结了使用无烟烟草制品的不良健康影响[5]。

表 6.1　全球无烟烟草制品的种类

制品	世界卫生组织地区					
	非洲	美国	地中海东部	欧洲	东南亚	西太平洋
Afzal（Oman）			√			
槟榔嚼块（paan）			√		√	√
含咖啡因的湿鼻烟		√				
Chimó		√				
奶油鼻咽					√	
含化型		√				√
Dohra					√	
干鼻烟	√	√		√		

6. 无烟烟草制品的有害内容物和释放物

续表

制品	世界卫生组织地区					
	非洲	美国	地中海东部	欧洲	东南亚	西太平洋
加纳传统鼻咽（tawa）	√					
Gudakhu 或 gudakha					√	
Gul					√	
Gundi（kadapan）					√	
Gutka			√		√	
Hnat hsey					√	
Hogesoppu（烟叶）					√	
Iq'mik		√				
Kadapan					√	
Kaddipudi					√	
Khaini					√	
Kharra					√	
Kiwam（qiwam, kimam）			√		√	
Kuberi	√					
松散烟叶		√				
Mainpuri（kapoori）					√	
Mawa					√	
Mishri（masheri, misri）					√	
湿鼻烟	√	√				
Nass（naswar）	√		√	√		
Nasway（nasvay）			√	√		
Neffa	√		√	√		
烟碱咀嚼胶						√
尼日利亚传统鼻烟（taaba）	√					
NuNu		√				
无石灰 Pattiwalla					√	
Plug（咀嚼烟草）		√		√		
Rapé		√				
红色牙粉（lal dant manjan）					√	
Sada pata					√	

6.1.1 全球流行情况

据估计，在 WHO 的六个地区中，有 3 亿多人使用无烟烟草制品 [5]。在哈萨克斯坦和老挝人民民主共和国的成人中，无烟烟草制品的使用非常普遍。在某些太平洋岛屿、挪威、瑞典和西欧其他地区、非洲的几个国家、蒙古、南美和美国，无烟烟草制品也很流行 [6, 7]。在全球范围内，所有使用无烟烟草制品的成年人中有 89% 来自于东南亚（主要是孟加拉国和印度），在东南亚约有 2.68 亿成年人使用无烟烟草制品 [5]。

无烟烟草制品的使用是一个全球性的公共卫生问题，据统计，约有 170 万伤残调整生命年（DALY）的损失是由无烟烟草相关癌症引起的 [8]。印度无烟烟草的使用率很高，不吸烟者中约有 368000 人的死亡是由无烟烟草使用引起的 [9]。在全球范围内，652494 人的死亡是由无烟烟草使用引起的 [10]。

6.1.2 无烟烟草制品在制造和物理特性上的多样性

无烟烟草制品的外观、生产规模、成分和配方各不相同 [4, 5, 11, 12]。具体来说，无烟烟草制品包括商业生产的产品，以及在传统环境下如家庭、商店、市场摊位和街头贩卖场上生产的产品。这些产品包含了从只含有烟草，到由烟草和非烟草植物材料及化学品混合而成的制剂。无烟烟草制品有多种形式，包括全烟叶、细切烟叶、粉状烟草粉、压饼、球团、粉糊、焦油、烟叶、化学药品和植物材料 [4, 5, 11, 12]。其中，可以将松散的烟叶封装在小袋中，使其更便于使用（例如，snus 和湿鼻烟）。"含化型"包括片状的细碎烟草、薄的圆柱形棒（棍）、薄的细晶片和在使用时可溶解在嘴里的纸条[13]。烟草棒是将干鼻烟涂到一根细棒上，在吮吸时，可以释放出里面的干鼻烟[4, 11, 12, 14]。Verve® 是一种含有烟草来源烟碱的口味纤维素聚合物盘的新产品，咀嚼它可以使血液中的烟碱浓度升高，并且可以使生理功能更活跃（如提高心率和血压）。据报道，Verve® 还能满足吸烟者的烟碱成瘾[15]。

6.2 产品构成

6.2.1 烟草

大部分的无烟烟草制品是由一种或多种烟草（*Nicotiana* spp.）制成的。还有一些特殊产品如 Verve® 含有从烟草中提取的烟碱，但是不含有烟末或松散的烟叶。尽管世界范围内 Nicotiana 的品种有很多，但在商业生产中最常用的一种是 *N. tabacum*。而在非洲、中东、南美和南亚地区，最常用的是 *N. rustica*，它的烟碱、次要生物碱和 TSNA 含量高于 *N. tabacum*[4, 16]。例如，据估计，在印度 35%~40% 的无烟烟草产品含有 *N. rustica*[17, 18]。红外分析结果表明，一些国家售卖的无烟烟草制品中含有 *N. rustica*，如 gul、某些 toombak、zarda 和 rapé[19, 20]。其中在 toombak 和 gul 也可以包含另一种烟草，即 *N. glauca*[4, 21]，它不含有烟碱，但含有高浓度的 N-亚硝基假木贼碱[22]。尽管不含烟碱，但是普遍认为 *N. glauca* 仍具有剧毒，在某些情况下摄入它会致命[17, 22]。因此，应该严格限制高烟碱烟草（*N. rustica*）或剧毒品种烟草（*N. glauca*）的使用。

6.2.2 添加剂

除烟草外，无烟烟草制品通常还含有甜味剂、保润剂、调味剂、盐和碱剂。1994年，美国10家无烟烟草制品制造商发布了一份清单，列出了560种用于制造无烟烟草制品的添加剂[4]。

在手工或"家庭手工业"制作的产品中，常将烟草与其他植物材料进行混合。在南亚，制造无烟烟草产品所需要的原料，如聚丙烯酸钠（槟榔嚼块），含有烟草、槟榔、碱性药剂、儿茶和香料（如生姜、丁香、樟脑、藏红花）的 dohra，可以用叶片对它们进行包裹（蒌叶）。此外，在 mainpuri、mawa、guthka、kharra 和 zarda（南亚）以及 tombol（中东）和 thinso（非洲）中也有使用槟榔[5, 10]。也门的一些 tombol 是通过将烟草和神经活性植物阿拉伯茶（Catha edulis）的混合物包裹进槟榔叶中制成的[17]。南美的一种名称为 rapé 的无烟烟草产品中含有大量的薰草豆（Dipteryx odorata），它的香豆素含量较高，是美国食品药品监督管理局颁布的禁止用于食品的"烟草制品和烟草烟雾的有害及潜在有害成分"中的一种[24]。其他非烟草植物材料包括芫荽子、茴香、麝香、黑胡椒、香草、大蒜和人参等[5]。

添加的甜味剂主要包括单糖、糖蜜、蜂蜜和木糖醇。商业产品如松散的烟叶、gutkha 和家庭手工业产品如 gul 都添加了甜味剂[4]。一项关于美国市售无烟烟草的研究发现烟袋和栓形烟草（13.5%~65.7%）中的糖含量远远高于鼻烟（1.9%），烟袋和栓形无烟烟草中的糖含量高于烟斗、卷烟或雪茄烟[25]。

保润剂，通常是指丙二醇和甘油，常被加入产品中以保持水分。美国北卡罗来纳州州立大学对松叶咀嚼烟草产品的研究显示，其中甘油浓度为3.2%（CRP4）和3.75%（STRP 1S1），丙二醇的含量为3.0%

（CRP1，snus）[26]。在 snus 制造的 GothiaTek® 标准（在 6.4 节中进行描述）中提到，为减少微生物的生长，并防止形成 TSNA[28]，保润剂的含量应为 1.5%~3.5%[27]。

调味料主要包括香味化合物、果汁、可可、朗姆酒、香料粉、萃取物和 60 多种精油[11, 29, 30]。一项有关无烟烟草制品中化学物质的研究显示，无烟烟草制品中最常发现的物质是水杨酸甲酯、水杨酸乙酯、苯甲醛、香茅醇和薄荷醇[31]。其他研究人员也在无烟烟草制品中发现了水杨酸甲酯、水杨酸乙酯、薄荷醇和薄荷调味料[32]。进一步分析发现其中还可能包括一些生物活性物质如咖啡因、椰子、甘草、草药、植物染料、色素、食用油、黄油、土壤、硝酸钾和斑点的金属银等。可溶解的无烟烟草制品中还可能含有黏合剂、黏结剂和增白剂[5]。

无烟烟草制品中的碱剂包括碳酸盐、碳酸氢盐和石灰（氢氧化钙）[5, 12, 29]。其中家庭手工业产品（toombak、shammah）和手工制剂（iq'mik、nass、betel quid）中通常包括石灰、碳酸氢钠、某些植物或真菌的灰烬[4, 33, 34]。Iq'mik 是北美北极地区土著居民所使用的一种产品，它含有真菌或其灰烬与叶子的混合物[35]。

6.3　无烟烟草制品的释放物

6.3.1　烟碱

烟草中主要的致瘾化学物质是烟碱，它在无烟烟草制品中使用范围很广并且在重复使用中起着关键作用，会导致有害物质和致癌物的持续暴露。总烟碱是指一种产品中烟碱的总含量，不论它的存在形式是什么。总烟碱很重要，但是 pH 对烟碱的影响很大。未经处理的烟草通常呈酸性（pH 5.0~6.5）[36]，其中非离子化烟碱的含量很少（<5%）。非离子化烟碱也被称为"非质子化"或"游离"烟碱，它容易被吸收。经口吸收烟碱时，通常需要添加碱性药剂以提高 pH，从而将烟碱转化为游离烟碱[5]。

总烟碱含量相近但 pH 不同的产品中游离烟碱浓度相差很大[5]。随着 pH 的升高，游离烟碱会从烟草中释放出来，穿过生物膜。因此，碱性试剂在烟碱释放中起着关键作用，与总烟碱一起使血液烟碱浓度升高，普遍认为这是无烟烟草致瘾的原因[2-4,37]。烟碱本身是有毒的，对健康会产生危害，如导致心血管疾病和糖尿病。因此，通过碱性试剂增加其吸收不仅会使无烟烟草制品更容易上瘾，而且毒性可能更强。

据报道，无烟烟草制品的 pH 在 4.6~11.8 之间不等，因此游离烟碱含量范围为 0.02%~99.9%。Iq'mik 和 nass 中含有碱性灰分，pH 相对较高（11.0~11.8）[38,39]。gul 粉、naswar、khaini、南非干鼻烟[19] 和 afzal（阿曼）[19] 的 pH 也较高（9~10.5）[40]。调查显示 zarda 产品为碱性，pH 为 8.1~9.0[41]。其他无烟烟草制品，如 toombak、chimo、rape 和 snus，pH 在酸性到强碱性之间[5,19]。咀嚼烟草（twist、chew、plug 和松散的烟叶）通常是酸性的（pH<7）[42]，湿鼻烟的 pH 一般为 5.5~8.6[43,44]。

在大约 700 种产品中，烟碱的总浓度（湿重）在 0.39~95 mg/g 之间。其中最特殊的无烟烟草制品是美国生产的湿鼻烟（226 种产品）。在这些产品中，总烟碱浓度范围为 4.15~25.0 mg/g，而游离烟碱的浓度为 0.01~15.2 mg/g[43,44]。在不太常用的咀嚼烟草（扭花、咀嚼、栓形和松散的烟叶）中，总烟碱的浓度为 2.92~40.1 mg/g，游离烟碱（0.01~0.47 mg/g）的含量较少。美国干鼻烟产品的 pH 基本是在酸性和中性之间，总烟碱浓度范围在 0.30~28.0 mg/g 之间，游离烟碱浓度范围在 0.05~3.12 mg/g 之间[42]。与此相反，南非制造的干鼻烟总烟碱浓度较低（1.17~14.9 mg/g），但由于它的碱度较高，因此游离烟碱浓度较高（1.16~13.8 mg/g）[19]。

有数据表明尼日利亚传统和药用鼻烟及南非传统鼻烟的 pH 是 9.0~9.5，且总烟碱（2.49~7.41 mg/g）和游离烟碱（2.39~6.72 mg/g）浓度接近。阿曼的一种强碱性产品 azfal 的总烟碱（48.8 mg/g）和游离烟碱（48.6 mg/g）含量均非常高[40]。南非市售的 snus 产品呈轻度酸性，总烟碱含量居中（13.4~17.2 mg/g），游离烟碱浓度较低（0.47~1.19 mg/g）[18]。

瑞典 snus 中总烟碱（6.83~20.6 mg/g）和游离烟碱（0.71~15.5 mg/g）的含量变化范围很广[45]，其中一些总烟碱含量高于美国湿鼻烟[44]。此外，研究表明，在 124 个含化型产品的总烟碱含量（3.0~20.5 mg/g）和游离烟碱（0.37~2.47 mg/g）含量较低。Verve® 与含化型产品类似，总烟碱（1.68 mg/g）和游离烟碱浓度（0.37 mg/g）含量较低[15]。苏丹的 toombak 含有 N. rustica，是已知总烟碱含量最高的产品（95 mg/g）[47]。

在南亚，无烟烟草制品包括红牙粉、以甘油为基础的奶油鼻烟（两种都可以用作牙粉），gutkha 和 zarda。在东南亚，人们常将烟草和 supari 包混合在一起，可以包括槟榔、香料、甜味剂和碱性试剂。Gupta 和 Sankar[48] 发现，红牙粉呈轻度酸性，总烟碱浓度为 4.47~5.09 mg/g，游离烟碱含量为 0.03~0.23 mg/g。而碱性较强的奶油鼻烟的总烟碱（5.62~10.0 mg/g）和游离烟碱（0.71~3.39 mg/g）的含量均较高。此外，他们还发现 gutkha 呈碱性（pH 8.6~9.2），总烟碱含量为 0.71~3.39

mg/g，游离烟碱含量为 0.03~0.25 mg/g。印度的 Zarda 产品呈弱酸性，总烟碱浓度为 2.61~9.5 mg/g，但几乎不含游离烟碱（0.01~0.02 mg/g）。巴基斯坦的 Zarda 产品碱性更强，总烟碱（7.35~26.7 mg/g）和游离烟碱浓度也更高（5.52~21.4 mg/g）[41]。

在使用某些产品前，使用者会将加入碱剂，通过这种方式，可以升高无烟烟草制品的 pH 和游离烟碱的含量。Gupta 和 Sankar[48] 研究发现五种 supari 与烟草的混合物均为碱性（pH 8.6~10.1），总烟碱浓度为 1.77~4.96 mg/g，游离烟碱浓度为 1.56~4.06 mg/g。此外，为满足喜好，使用者也可以将碱剂添加到手工制品（如槟榔嚼块）中。

6.3.2 有害物质和致癌物

由于无烟烟草中存在致癌物质，因此它划分到了 IARC 1 类（确定人体致癌物）中[4]。IARC 研究工作组[4, 11] 在无烟烟草制剂中发现了 40 多种确定致癌物[5]，包括活性无机离子（硝酸盐和亚硝酸盐）、TSNA、N- 硝基胺酸、挥发性 N- 亚硝胺、霉菌毒素、多环芳烃、挥发性醛、类金属、准金属和槟榔。其中无烟烟草致癌物中含量最高的是 TSNA、N- 亚硝基氨基酸、挥发性 N- 亚硝胺和醛[4]。此外，该研究小组还得出了结论：有充分的证据表明，使用无烟烟草制品会导致口腔癌前病变、口腔癌、食道癌和胰腺癌[5]。

6.3.2.1 烟草特有亚硝胺

TSNA 是在烟草的固化、加工、发酵和燃烧过程中形成的[49, 50]。在大多数烟草中，NNN 的浓度超过 NNK 的浓度，但在烤烟中，NNK 的浓度超过 NNN[51]。因此，烟草的混合物决定了 NNN 和 NNK 的含量。在已知的 7 种 TSNA 中，通常在烟草制品中含有大量的 NNN 和 NNK，它们具有致癌性[52]。NNN 和 NNK 是 1 类人类致癌物[4]，且是无烟烟草中最常见的"强"致癌物[53]。NNN 与无烟烟草使用者口腔癌的发生密切相关，无烟烟草制品中 NNN 的浓度水平可以高达 79 μg/g[4, 53, 54]。表 6.2 对世界各地商业和手工无烟烟草制品中 TSNA 浓度进行了总结。

表 6.2　商业和手工制造无烟烟草制品中的烟草特有亚硝胺浓度[4]

产品	参考文献	浓度（μg/g 产品湿重）		
		NNK	NNN	所有 TSNA
Toombak	[47]	578~7300	395~2860	1500~12 630
Toombak	[19]	147~516	115~368	295~992
鼻烟				
湿鼻烟	[44]	0.38~9.95	2.20~42.6	5.11~90.0
干鼻烟	[42]	1.34~14.6	6.12~31.3	10.3~76.5
干鼻烟(pouch)	[42]	0.08~0.12	0.93~0.97	1.52~1.85
咀嚼烟草				
栓型	[42]	0.34~0.94	2.92~4.64	4.09~7.75
松散的烟叶	[42]	0.24~0.31	0.94~2.83	1.55~4.10
扭曲型	[42]	0.31~0.56	0.83~2.46	2.59~4.95
Snus	[19, 42]	0.084~1.34	0.27~5.57	0.60~5.85
含化型	[42，46]	0.31	0.06~0.26	0.31~0.74
美国产品				
Iq'mik	[39]	0.19~0.54	1.99~4.00	5.64~8.84
Rapé	[20]	0.04~3.30	0.013~14.5	0.04~24.2
Chimó	[19]	0.31~2.60	0.32~4.62	0.95~9.39
南亚产品				
Gul	[19]	5.19~8.02	1.33~1.37	13.4~17.1
Khaini	[19]	0.29~0.50	16.8~17.5	21.6~23.5
Zarda	[19]	0.46~3.84	2.91~28.6	5.49~53.7
Gutha（手工）	[19]	0.007~0.38	0.21~18.6	0.26~23.9
Gutkha	[19]	0.057~0.46	0.17~1.28	0.37~2.25

续表

产品	参考文献	浓度（μg/g 产品湿重）		
		NNK	NNN	所有 TSNA
中亚产品				
Naswar	[19]	0.029~0.31	0.36~0.54	0.48~1.38
非洲产品				
尼日利亚传统鼻烟	[19]	0.28	0.71	1.52
药用干鼻烟	[19]	0.36	1.46	2.42
干鼻烟	[19]	0.13~0.35	0.89~3.40	1.71~4.67
传统鼻烟	[19]	1.61	5.57	20.5

TSNA 浓度较高的无烟烟草制品往往是被微生物污染的产品。可溶性无烟烟草制品中的 TSNA 的浓度范围是 0.31~0.61 μg/g，它们是固体且水分含量低[46]。瑞典 snus 经过了巴氏消毒[19, 42, 45]，里面 TSNA 浓度为 0.60~5.85 μg/g。这两种产品的 TSNA 浓度均低于传统产品。发酵过的无烟烟草制品中的 TSNA 浓度较高，如印度 zarda（5.5~53.7 μg/g）[19]、湿鼻烟（5.11~90.0 μg/g）[44] 和美国制造的干鼻烟（10.3~76.5 μg/g）[42]。尼日利亚和南非的传统鼻烟总 TSNA 浓度分别为 1.52 μg/g 和 20.5 μg/g[19]。有趣的是，非洲生产的干鼻烟 TSNA 浓度（1.71~4.67 μg/g）低于美国生产的干鼻烟。其他总 TSNA 浓度较高的产品还有 khiani、naswar、iq'mik、rapé 和 chimó。嚼烟烟草的 TSNA 浓度非常低（1.55~7.75 μg/g）[42]。

美国最畅销的湿鼻烟中 NNN（2.2~42.6 μg/g）的浓度高于 NNK（0.38~9.95 μg/g）[44]。瑞典 snus，TSNA 浓度在 1983~2002 年间下降了大约 85%。在 2002 年，27 种瑞典 snus 中的 NNN（0.49 μg/g）和 NNK（0.19 μg/g）平均浓度非常低[56, 57]，在已报道的商业无烟烟草中的 NNN 和 NNK 的最低含量。chaini khaini 是印度 snus 中的一种，它的

NNN 和 NNK 含量很高，分别为 (22.9±4.9) μg/g 和 (2.6±1.0) μg/g[58]。

一项有关 117 种"免吐出"和可溶解无烟烟草制品的研究发现，Camel Strips 中总 TSNA（NNN，NNK，NAT 和 NAB）的浓度为 0.53 μg/g，略低于 Camel Snus（1.19 μg/g）[46]。另一项有关九个国家 53 种产品的研究发现[19]，苏丹的 toombak 和孟加拉国的干 zarda 中 NNK 浓度最高，而印度的 toombak、干 zarda 和 khaini 中的 NNN 浓度最高。在这些产品中，巴基斯坦手工制作的 gutkha 和 mawa 中 NNK 浓度最低。

已报道的 TSNA 含量最高的无烟烟草制品为苏丹 toombak，为 12600 μg/g，它是一种高度发酵的产品，原因可能是苏丹 toombak 中的生物碱浓度极高。toombak 中的 NNN 浓度高达 2860 μg/g，NNK 浓度高达 7300 μg/g[47]。此外，在 toombak 使用者的唾液中也发现了很高浓度的 TSNA[47, 59, 60]。研究表明，苏丹男性中超过 50% 的口腔癌与 toombak 或其他口服烟草制品相关，可能原因是其中的 TSNA 很高且其具有致癌性[10, 60, 61]。

6.3.2.2　挥发性亚硝胺

与 TSNA 相同，在微生物反应中也会产生亚硝酸盐积累[5]。20 世纪 80 年代早期一项研究表明，瑞典鼻烟和咀嚼烟草中的挥发性 *N*-亚硝胺（*N*-亚硝基二甲基胺、*N*-亚硝基吡咯烷、*N*-亚硝基哌啶和 *N*-亚硝基吗啉）的湿重含量范围为 0.5~145.9 μg/kg[56]。农用化学品马来酰肼二乙醇胺和生产化学品吗啉的用量减少，可以降低烟草制品中的 *N*-亚硝基二乙醇胺和 *N*-亚硝基吗啉的含量[62]。Nass（又称 nasswar）是阿富汗、印度、伊朗伊斯兰共和国、巴基斯坦、俄罗斯联邦和中亚地区使用的一种混合物，它含有烟草、碱剂和棉花油[63]。研究发现 nass 中的挥发性 *N*-亚硝胺的含量比咀嚼烟草或鼻烟低，其原因是 nass 生产中陈化时间较短[64]。

6.3.2.3 挥发性醛

在包含鼻烟的无烟烟草制品中，致癌性醛（甲醛、丙烯醛、巴豆醛和乙醛）的含量水平以百万分之一计。明火烤制烟草中的致癌性醛含量往往高于空气调制烟草[5, 55]。

6.3.2.4 多环芳烃

含有木头和锯末的无烟烟草在固化燃烧时会产生多环芳烃，且多环芳烃的浓度比火烤烟和空气烤烟高[5]。含火烤烟草的湿鼻烟中的 PAH（包括 IARC 1 类和 2 类致癌物）的含量比 snus（不含火烤烟草）高[55, 65]。目前，在无烟烟草制品[65]中已发现的 IARC 1 类多环芳烃为苯并[a]芘，2A 组的为二苯并[a,h]蒽，2B 组的有苯并[b]荧蒽、苯并[j]荧蒽、苯并[k]荧蒽、二苯并[a,i]芘、茚并[1,2,3-cd]芘、5-甲基、萘和苯并[a]蒽）[66]。

对美国的 23 种产品研究发现，湿鼻烟中的 PAH 总浓度为 921~9070 ng/g，snus 中 PAH 总浓度为 660~1100 ng/g。湿鼻烟中苯并[a]芘的浓度（9.7~44.6 ng/g）高于 snus（3.0~12.3 ng/g），40% 的 snus 中苯并[a]芘浓度低于检测限(1.6 ng/g)。湿鼻烟中萘的浓度(409~1110 ng/g）与 snus 类似（636~1065 ng/g）。但是当从总 PAH 中排除萘时，湿鼻烟中剩余 PAH（145~8120 ng/g）的含量高于 snus（21~213 ng/g）。一个名为"starter"的产品中含有 145 ng/g PAH（排除萘），而萘的含量为 776 ng/g。Marlboro snus 中含有 7 种 PAH，含量为 1.1~13.5 ng/g；当排除萘时，PAH 的总浓度为 20~70 ng/g。Camel snus 品牌中含有 14 种可检测的多环芳烃，其浓度范围为 3.1~79.4 ng/g，当排除萘时，PAH 的总浓度为 110~320 ng/g[65]。当减少或消除无烟烟草制品中的

火烤烟叶含量时，PAH 的总浓度降低。

6.3.2.5 槟榔

未成熟的槟榔生物碱含量极高。在某些文化中它们"口碑很好"，所以很受欢迎[5]。目前，国际癌症研究机构工作组已将槟榔划分为 1 类致癌物[66]。槟榔碱被认为是最重要的生物碱之一。在不与烟草混合的情况下，槟榔提取物便对人口腔黏膜细胞和成纤维细胞具有强细胞毒性和遗传毒性。研究证明，单独使用槟榔具有遗传毒性[5] 和致癌性[11]。

6.3.2.6 金属

金属和非金属物质可能在烟草植物或叶子表面积累，这与土壤组成、pH 和环境污染有关[67]。在各种无烟烟草制品已发现的金属中，含有 IARC 1 类（人体致癌物）的有砷、铍、六价铬、镉和钋 -210，2A 类（可疑的致癌物）有镍化合物，2B 类（可能致癌物）有铅和钴。砷属于非金属，是 1 类致癌物。此外，检测发现在无烟烟草制品中还含有汞和铝。在加拿大、印度、巴基斯坦和美国的无烟烟草制品中发现了砷（0.1~14.0 µg/g）、铍（0.01~0.038 µg/g）、铬（0.71~54.0 µg/g）、镉（0.25~9.2 µg/g）、镍（0.84~64.8 µg/g）、铅（0.23~111 µg/g）和钴（0.056~1.22 µg/g）[67]。一项有关印度无烟烟草制品（zarda，奶油鼻烟，khaini，gutkha）研究发现，四种 gutka 产品中的铜浓度（237~656 µg/g）高于其他产品（0.012~36.1 µg/g）[68]。此外，研究还在用于制作槟榔嚼块的消石灰、槟榔叶和香味烟草（zarda）等组分中检测出了砷、镉和铅[69]。

6.3.2.7 硝酸盐和亚硝酸盐

植物可以从生长的土壤中摄取肥料衍生物硝酸盐。当烘烤干燥烤烟时，细胞会破裂释放出硝酸盐[70-72]。在植物中，微生物常以内生菌的形式存在[73]。如果在植物中存在可降解硝酸盐的微生物，那么在这个过程中就会产生并释放亚硝酸盐。目前研究已经在烟草和烟草制品中鉴定出了几种可将硝酸盐转化为亚硝酸盐的细菌和真菌[71, 74, 75]。微生物释放的亚硝酸盐既可以与烟草生物碱反应生成TSNA，也可以促进挥发性亚硝胺和亚硝基氨基酸的形成[70, 76]。在烟草发酵和烟草储存期间亚硝酸盐和TSNA浓度也会增加[71, 72]，尤其是在高温和潮湿条件下[77]。如果在加工过程中不消除硝酸盐还原性微生物，将会影响烟草产品的化学性质[70-72]。

6.3.3 微生物及其组成

烟草和烟草制品中经常含有细菌和真菌等微生物[71, 75, 78, 79]。通过对微生物DNA进行测序[75, 80]，在各种无烟烟草制品中共鉴定出了33个细菌家族。其中通过对呼吸性硝酸还原酶的基因进行研究，预计周质硝酸盐还原酶可能在亚硝酸盐的产生和细胞外释放过程中发挥着重要作用。一些细菌家族（包括已知的厌氧菌）在缺氧（如发酵，老化和储存的过程中）的条件下，会以硝酸盐而不是氧气为电子受体[81]，进而会导致细胞外亚硝酸盐积累[71, 72, 77]。含有呼吸性硝酸盐还原酶基因的细菌属有棒状杆菌属、乳杆菌属、葡萄球菌属以及肠杆菌科中的某些细菌[37]。

在烟草发酵的过程中，细菌和真菌会迅速增殖并形成有害的反应性副产物[70-72]。因此，在诸如khaini[82]、干鼻烟[82]、湿鼻烟[65]和苏丹toombak[19, 47]等发酵产品中，亚硝酸盐和TSNA的浓度都要高于巴氏杀菌的snus等[19, 46]。

研究显示，烟草和烟草制品中还含有某些真菌（如镰孢菌、Alternaria 和 Candida）[71, 78, 79, 83]。黄曲霉毒素 B1 是一种由黄曲霉真菌产生的霉菌毒素，研究报道在美国生产的某 6 种干鼻烟产品中含有黄曲霉毒素 B1（0.01~0.27 g/g），但在 16 种湿鼻烟和 3 种 snus 产品中（84 种）不含有。

6.4　降低无烟烟草制品中的有害物质浓度

要减少烟草制品中有害物质的浓度，需要了解烟草的农业生产和制造过程以及其中的有害物质形成和积累。表 6.3 中总结了已发现的有害物质和致癌物质及其在烟草加工过程中的潜在来源。

表 6.3　无烟烟草制品中可能的致癌物质、有害物质和生物活性物质的来源[85]

类型	IARC 致癌物（1、2A、2B）、有害物质或生物活性物质	潜在来源
金属和非金属	1 类：砷、铍、镉、镍化合物、钋 -210 2A 类：无机铅化合物 2B 类：钴致敏——铝、铬、钴、镍 皮肤刺激——钡、汞 可能导致口腔黏膜纤维化：铜（在槟榔中）	土壤吸收或存于烟草中的土壤颗粒；与烟草一起使用的其他成分（槟榔叶、槟榔、熟石灰等）。
亚硝化剂	2B 类：硝酸盐 2B 类：亚硝酸盐	土壤吸收 微生物产生
真菌毒素	1 类：黄曲霉毒素（混合物） 2B 类：黄曲霉毒素 M1、赭曲霉毒素 A	真菌（霉菌）产生
亚硝胺 TSNA	1 类：NNN, NNK, NNAL	亚硝酸盐在固化、发酵和老化过程中形成（亚硝酸盐与生物碱反应）
挥发性 N- 亚硝胺	2A 类：N- 亚硝基二甲胺 2B 类：亚硝基吡咯烷标准品 N- 亚硝基哌啶 N- 亚硝基哌嗪 N- 亚硝基二乙醇胺	亚硝酸盐在腌制、发酵和老化过程中形成（亚硝酸盐与二胺或三胺反应）
亚硝酸	2B 类：N- 亚硝基肌氨酸	
氨基甲酸酯	2A 类：氨基甲酸乙酯	发酵过程产生（尿素和乙醇反应）

续表

类型	IARC 致癌物 (1、2A、2B)、有害物质或生物活性物质	潜在来源
多环芳烃	1 类：苯并 [a] 芘 2A 类：二苯并 [a,h] 蒽 2B 类：苯并 [a] 蒽、苯并 [b] 荧蒽、苯并 [j] 荧蒽、苯并 [k] 荧蒽、二苯并 [a,i] 芘、茚并 [1,2,3-cd] 芘、5-甲基蒀和萘	在烤烟过程中沉积在烟草上
挥发性醛	1 类：甲醛 2B 类：乙醛	在烤烟过程中沉积在烟草上
非卷烟植物材料	1 类：槟榔子 肝脏有害物质：薰草豆 兴奋剂：阿拉伯茶	添加剂

在种植过程中，烟草等植物会从土壤中吸收金属、非金属、可溶性离子（如硝酸盐和铵）[86]。因此，土壤颗粒（包括金属）、土壤中的农药和微生物以及环境中的其他成分可以蓄积在烟叶中。其中烟草中的金属含量受土壤 pH、土壤成分和环境污染物的影响[67]。烟草加工过程并不能除去其中所有的蓄积物质，但可以除去烟叶中的土壤和微生物（包括产生亚硝酸盐的物质），这有助于减少 TSNA 和其他亚硝胺类物质的形成，且能降低蓄积在烟叶中的金属和农用化学品的含量。

土壤和肥料中的硝酸盐会增加烟草中的硝酸盐含量[5]。当烟草中存在能够将硝酸盐转化为亚硝酸盐的微生物时，便会生成亚硝酸盐。从微生物细胞排出的亚硝酸盐可以与烟草生物碱反应形成 TSNA。可以通过洗涤烟草[88]、热处理封闭系统（巴氏消毒）[28]、清洁发酵设备和在发酵过程中添加不产生亚硝酸盐的微生物[75]等方法，来降低 TSNA 的产量。此外，冷藏储存也可以减缓微生物的生长，减少亚硝胺化合物的形成。有多家制造商建议零售商对产品进行冷藏，防止存储期间形成 TSNA[4]。可以通过减少或不使用含硝酸盐的肥料及其他策略（如在生长季节后期使用尿素或其他非硝酸盐肥料）的方式，来减少烟草中的硝酸盐蓄积，从而减少亚硝胺的形成[5]。使用晾干的方式可以降低烟草中的多环芳烃和挥发性醛的含量。

瑞典的 GothiaTek® 标准中明确规定了 snus 中有害公众健康的物质的最大含量，如亚硝酸盐、NNN、NNK、N-亚硝基二甲胺、苯并[a]芘、黄曲霉素、镉、铅、砷、镍、铬和农用化学品中。要减少 snus 产品中有害物质的含量，必须对相关原材料进行质量控制。并且在产品使用过程中添加的香料香精必须符合瑞典食品法[28]。遵守这些标准，规范农业化肥的使用和生产加工工艺，可以针对性地降低无烟烟草制品 snus（湿鼻烟）中有害物质浓度。瑞典这种严格限制产品成分的方式也可能适用于降低其他类型烟草制品中有害物质含量。

世界卫生组织建议，在条件可行的情况下，无烟烟草中的 TSNA 含量上限应降低到 2 μg/g；如条件不可行，应尽可能地将其限制为 2 μg/g[88]。

6.5　结论和建议

无烟烟草制品种类繁多，包含了仅含烟草的产品、烟草和化学物质及非烟草植物材料的混合制品等。这些产品在外观、生产方法、内容物和添加剂及使用方式等方面各不相同。无烟烟草制品中的许多有害物质来源于烟草中的有机、无机和微生物组分以及加工过程中这些组分的交互作用。在无烟烟草制品使用过程中添加的植物添加剂等会对制品的吸引力（味道或外观）、烟碱吸收、致瘾性、有害性以及致癌和致病性产生影响[4, 5, 11, 12]。

由于 89% 的无烟烟草使用者都在南亚，因此在评估与无烟烟草制品相关的健康风险时，应优先考虑南亚制品中的特有成分，尤其是槟榔。槟榔是一种 IARC 1 类致癌物质[66]，在全世界所有的人口中，大约有 6 亿人使用槟榔[89]。槟榔的使用是一个全球性的公众健康问题，因为它在全球范围内使用普遍[89]，具有致癌性和成瘾性，并且可以通过某种形式传播[90]。

使用无烟烟草制品时，需要考虑以下方面：

- 高烟碱（N. rustica）或有害（N. glauca）的烟草品种；
- 烟草从污染的土壤中摄取的有害金属及其在烟叶中的蓄积；
- 在收获季节施肥导致的烟草中硝酸盐含量升高；
- 在收获季节施肥烟草中有害的农业化学残留物；
- 微生物的污染促进了亚硝胺特别是 TSNA 的形成；
- 在厌氧环境条件下进行发酵或陈化，会促进亚硝酸盐和 TSNA 的形成；
- 火烤的加工方式会在制品中引入某些化学物质（如 PAH 和挥发性醛）；
- 碱剂的使用会使制品 pH 游离烟碱浓度增加；
- 槟榔（IARC 1 类人体致癌物）和其他公认的有害物质的添加。

在世界范围内，只有瑞典生产的 GothiaTek® snus 产品测定了其中某些农药、金属、亚硝胺以及亚硝酸盐和苯并 [a] 芘（一种 PAH）的含量，以确保产品符合标准。虽然进行测定符合标准的产品并不代表它没有健康风险，但有助于降低制品中某些有害物质的含量[28]。

无烟烟草制品的制造商可以选择产品中所用烟叶的类型和质量、加工过程和添加剂的使用等。然而，虽然现有的技术可以降低产品

6. 无烟烟草制品的有害内容物和释放物

中致癌物和其他有害物质的含量,但并没有强制要求制造商使用这些技术。一般来说,新型产品通常 TSNA 含量较低,而旧代和传统产品中的 TSNA 含量较高[91]。监管机构可以监测和调节 pH、烟碱、金属、PAH、TSNA 和亚硝酸盐含量。通过控制原材料和加工过程可以降低产品中有害物质的含量,尤其是在烟草固化和微生物反应中产生的物质(这些反应主要会形成 TSNA 和挥发性 N-亚硝胺)。目前,检测 pH(pH 纸、pH 探针)、硝酸盐 / 亚硝酸盐(指示剂、手持探针)和微生物污染(培养板)的技术方法价格并不昂贵,适用于大多数国家。手持式红外线扫描仪可用于识别有害烟草品种(*N. rustica*、*N. glauca*)、非烟草植物材料(槟榔、丁香豆、卡塔)和碱剂(碳酸镁、熟石灰)。监管机构还应考虑储存条件,例如销售前冷藏,贴上生产日期和规范包装材料等。此外,还应该要求制造商向零售商告知储存条件对无烟烟草制品的影响。

本节概述的信息支持世界卫生组织 TobReg 的建议,即无烟烟草制品应由科学政府机构进行全面的监管控制[92]。鉴于无烟烟草制品的使用率高,有害物质成分和浓度多样性,对健康具有不良影响的多样性,引起世界各地口腔癌发病率升高的程度不同等[92] 原因,也许不能将所有的无烟烟草制品视为一类并采取统一的方法进行监管。以瑞典湿鼻烟产品"snus"为例,它指的是一类产品,这类产品的加工方式和特征各不相同[93],但是常常会混淆消费者和其他人。使用含有的"鼻烟"一词是营销的一个例子,用来表示由不同流程和不同特征生产的产品,它可能对无烟烟草制品的设计、成分和含量以及加工过程进行仔细审查,有助于减少其在全球范围内使用而造成的危害。

6.6 参考文献

[1] Boffetta P, Hecht S, Gray N, Gupta P, Straif K. Smokeless tobacco and cancer. Lancet Oncol 2008;9:667-75.

[2] Fant RV, Henningfield JE, Nelson RA, Pickworth WB. Pharmacokinetics and pharmacodynamics of moist snuff in humans. Tob Control 1999;8:387-92.

[3] Lunell E, Lunell M. Steady-state nicotine plasma levels following use of four different types of Swedish snus compared with 2-mg Nicorette chewing gum: a crossover study. Nicotine Tob Res 2005;7:397-403.

[4] Smokeless tobacco and some tobacco-specific N-nitrosamines (IARC Monographs on the Evaluation of the Carcinogenic Risk of Chemicals to Humans, Vol. 89). Lyon: International Agency for Research of Cancer; 2007.

[5] Smokeless tobacco and public health: a global perspective. Bethesda, MD: National Cancer Institute and Centers for Disease Control and Prevention; 2014.

[6] WHO report on the global tobacco epidemic, 2011. Appendix VIII, Table 8.2: Crude smokeless tobacco prevalence in WHO Member States. Geneva: World Health Organization; 2011 (http://www.who.int/tobacco/ global_ report/2011/en_tfi_global_report_2011_appendix_VIII_ta- ble_2.pdf).

[7] Eriksen M, Mackay J, Ross H. The tobacco atlas, 4th edition. Atlanta, GA: American Cancer Society; New York: World Lung Foundation; 2012 (http://www.tobaccoatlas.org).

[8] Siddiqi K, Shah S, Abbas SM, Vidyasagaran A, Jawad M, Dogar O, et al. Global burden of disease due to smokeless tobacco consumption in adults: analysis of data from 113 countries. BMC Med 2015;13:194.

[9] Sinha DN, Palipudi KM, Gupta PC, Singhal S, Ramasundarahettige C, Jha P, et al. Smokeless tobacco use: a meta-analysis of risk and attributable mortality estimates for India. Indian J Cancer 2014;51(Suppl.1):S73-7.

[10] Sinha DN, Suliankatchi RA, Gupta PC, Thamarangsi T, Agarwal N, Parascanola M, et al. Global burden of all-cause and cause-specific mortality due to smokeless tobacco use: systematic review and meta-analysis. Tob Control 2016. doi: 10.1136/tobaccocontrol-2016-053302.

[11] Betel-quid and areca-nut chewing and some areca-nut-derived nitrosamines (IARC Monographs on the Evaluation of the Carcinogenic Risk of Chemicals to Humans, Vol. 85). Lyon: International Agency for Research on Cancer; 2004.

[12] Health effects of smokeless tobacco products. Brussels: European Commission, Scientific Committee on Emerging and Newly Identified Health Risks; 2008 (http://ec.europa.eu/health/archive/ph_risk/committees/04_ scenihr/docs/scenihr_o_013.pdf, accessed 8 July 2010).

[13] Rainey CL, Conder PA, Goodpaster JV. Chemical characterization of dissolvable tobacco products promoted to reduce harm. J Agric Food Chem. 2011;59:2745-51

[14] Swedish Match. Ingredients in snus. Stockholm; 2016 (http://www.swedishmatch.com/en/Our-business/ Snus-and-snuff/Ingredients-in-snus/, accesed 7 December 2016).

[15] Koszowski B, Viray LC, Stanfill SB, et al. Nicotine delivery and pharmacologic response from Verve, an oral nicotine delivery product. Pharmacology, biochemistry, and behavior. 2015;136:1-6. doi:10.1016/j.pbb.2015.06. 010.

[16] Lewis R, Nicholson J. Aspects of the evolution of Nicotiana tabacum L. and the status of the United States Nicotiana germplasm collection. Genet Resour Crop Ev 2007;54:727-740.

[17] Bhide SV, Kulkarni JR, Padma PR, Amonkar AJ, Maru GB, Nair UJ, et al. Studies on tobacco specific nitrosamines and other carcinogenic agents in smokeless tobacco products. In: Sanghvi LD, Notani PP, editors. Tobacco and health: the Indian scene. In: Proceedings of the UICC workshop "Tobacco or Health." Bombay: UICC and Tata Memorial Centre; 1989:121-31.

[18] Sinha DN. Report on oral tobacco use and its implications in South East Asia. New Delhi: World Health Organization Regional Office for the South-East Asia Region; 2004:3.

[19] Stanfill SB, Connolly GN, Zhang L, Jia LT, Henningfield JE, Richter P, et al. Global surveillance of oral tobacco products: total nicotine, unionised nicotine and tobacco-specific N-nitrosamines. Tob Con-

trol 2011;20:e2.

[20] Stanfill SB, Oliveira-Silva AL, Lisko J, Lawler TS, Kuklenyik P, Tyx R, et al. Comprehensive chemical characterization of South American nasal rapés: flavor constituents, nicotine, tobacco-specific nitrosamines and polycyclic aromatic hydrocarbons. Food Chem Toxicol; 2015;82:50-8.

[21] Steenkamp PA, van Heerden FR, van Wyk BE. Accidental fatal poisoning by Nicotiana glauca: identification of anabasine by high performance liquid chromatography/photodiode array/ mass spectrometry. Forensic Sci Int 2002;127:208-217.

[22] Lisko JG, Stanfill SB, Duncan BW, Watson CH. Application of GC-MS/MS for the analysis of tobacco alkaloids in cigarette filler and various tobacco species. Anal Chem 2013;85:3380-3384.

[23] Furer V, Hersch M, Silvetzki N, Breuer GS, Zevin S. Nicotiana glauca (tree tobacco) intoxication - two cases in one family. J Med Toxicol 2011;7:47-51.

[24] Harmful and potentially harmful constituents in tobacco products and tobacco smoke: esta- blished list. Washington DC: Food and Drug Administration; 2012 (http://www.fda.gov/TobaccoProducts/GuidanceCompliance RegulatoryInformation/ucm297786.htm).

[25] Going RE, Hsu SC, Pollack RL, Haugh LD. Sugar and fluoride content of various forms of to- bacco. J Am Dent Assoc 1980;100:27-33.

[26] Smokeless tobacco reference materials. Raleigh, NC: North Carolina State University Tobacco Analytical Lab (www.tobacco.ncsu.edu/strp.html).

[27] Foulds J, Ramstrom L, Burke M, Fagerstrom K. Effect of smokeless tobacco (snus) on smoking and public health in Sweden. Tob Control 2003;12:349-59.

[28] Rutqvist LE, Curvall M, Hassler T, Ringberger T, Wahlberg I. Swedish snus and the GothiaTek(R) standard. Harm Reduct J 2011;8:11.

[29] Smokeless tobacco ingredient list as of April 4, 1994. House of Representatives report to the Subcommittee on Health and the Environment, Committee on Energy and Commerce, Was- hington, DC: Patton, Boggs, and Blow; 1994. Brownand Williamson. Bates No. 566415479/5524 (http://legacy.library.ucsf.edu/tid/pac33f00/pdf).

[30] Ingredients in snus. Stockholm: Swedish Match; 2015 (http://www.swedishmatch.com/en/Our-business/ Snus-and-moist-snuff/Ingredients-in-snus/, accessed 30 October 2015).

[31] Stanfill SB, Jia LT, Watson CH, Ashley DL. Rapid and chemically-selective quantification of nicotine in smokeless tobacco products using gas chromatography/mass spectrometry J Chromatogr Sci 2009;47: 902-909.

[32] Chen C, Isabelle LM, Pickworth WB, Pankow JF. Levels of mint and wintergreen flavorants: smokeless tobacco productsvs. Confectionery products. Food Chem Toxicol 2010;48:755-763.

[33] Renner CC, Enoch C, Patten CA, Ebbert JO, Hurt RD, Moyer TP, et al. Iqmik: a form of smokeless tobacco used among Alaska natives. Am J Health Behav 2005;29:588-594.

[34] Blanchette RA, Renner CC, Held BW, Enoch C, Angstman S. The

current use of Phellinus igni- arius by the Eskimos of western Alaska. Mycologist 2002;16:142-145.

[35] Renner CC, Patten CA, Enoch C, Petraitis J, Offord KP, Angstman S, et al. Focus groups of Y-K Delta Alaska natives: attitudes toward tobacco use and tobacco dependence interventions. Prev Med 2004;38:421-431.

[36] Leffingwell JC. Leaf chemistry: basic chemical constituents of tobacco leaf and differences among tobacco types. In: Davis DL, Nielson MT, editors. Tobacco: production, chemistry, and technology. London: Blackwell Publishing; 1999:265-84.

[37] Tomar SL, Henningfield JE. Review of the evidence that pH is a determinant of nicotine dosa- ge from oral use of smokeless tobacco. Tob Control 1997;6:219-225.

[38] Brunnemann KD, Genoble L, Hoffmann D. N-Nitrosamines in chewing tobacco: an international comparison. J Agric Food Chem 1985;33:1178-81.

[39] Hearn BA, Ding YS, England L, Kim S, Vaughan C, Stanfill SB, et al. Chemical analysis of Alaskan iq'mik smokeless tobacco. Nicotine Tob Res 2013;15:1283-1288.

[40] Al-Mukhaini N, Ba-Omar T, Eltayeb EE, Al-Shehi AA. Analysis of tobacco-specific nitrosamines in the common smokeless tobacco afzal in Oman. Sultan Qaboos Univ Med J 2016;16:e20-e26.

[41] Zakiullah, Saeed M, Muhammad N, Khan SA, Gul F, Khuda F, et al. Assessment of potential toxicity of a smokeless tobacco product (naswar) available on the Pakistani market. Tob Control

2012;21:396-401.

[42] Lawler TS, Stanfill SB, Zhang L, Ashley DL, Watson CH. Chemical characterization of domestic oral tobacco products: total nicotine, pH, unprotonated nicotine and tobacco-specific N-nitrosamines. Food Chem Toxicol 2013;57:380-386.

[43] Smokeless tobacco data base. Boston, MA: Massachusetts Department of Public Health; 2004.

[44] Richter P, Hodge K, Stanfill S, Zhang L, Watson C. Surveillance of moist snuff: total nicotine, moisture, pH, un-ionized nicotine, and tobacco-specific nitrosamines. Nicotine Tob Res 2008;10:1645-52.

[45] Lawler TS, Tran H, Lee GE, Chen PX, Stanfill SB, Lisko JG, et al. Comprehensive chemical analysis of snus products from the US and western Europe (Abstract PA8-6). Abstracts. 2015 annual meeting. Madison, WI: Society for Research on Nicotine and Tobacco; 2015:79.

[46] Stepanov I, Biener L, Knezevich A, Nyman AL, Bliss R, Jensen J, et al. Monitoring tobacco-specific N-nitrosamines and nicotine in novel Marlboro and Camel smokeless tobacco products: findings from round 1 of the New Product Watch. Nicotine Tob Res 2012;14:274-281.

[47] Idris AM, Nair J, Ohshima H, Friesen M, Brouet I, Faustman EM, et al. Unusually high levels of carcinogenic tobacco-specific nitrosamines in Sudan snuff (toombak). Carcinogenesis 1991;12:1115-8.

[48] Gupta I, Sankar D. Tobacco consumption in India. A new look using data from the National Sample Survey. J Public Health Policy

2003;24:233-245.

[49] Adams JD, Lee SJ, Vinchkoski N, Castonguay A, Hoffmann D. On the formation of the tobacco-specific carcinogen 4-(methylnitrosamino)-1-(3-pyridyl)-1-butanone during smoking. Cancer Lett 1983;17:339-46.

[50] Hoffmann D, Brunnemann KD, Prokopczyk B, Djordjevic MV. Tobacco-specific N-nitrosamines and areca-derived N-nitrosamines: chemistry, biochemistry, carcinogenicity, and relevance to humans. J Toxicol Environ Health 1994;41:1-52.

[51] How tobacco smoke causes disease: the biology and behavioral basis for smoking-attributable disease: a report of the Surgeon General. Atlanta, GA: Deparment of Health and Human Services; 2010.

[52] Hecht SS. Biochemistry, biology, and carcinogenicity of tobacco-specific N-nitrosamines. Chem Res Toxicol 1998;11:559-603.

[53] Hecht SS, Hoffmann D. Tobacco-specific nitrosamines, an important group of carcinogens in tobacco and tobacco smoke. Carcinogenesis 1988;9:875-84.

[54] Rivenson A, Djordjevic MV, Amin S, Hoffman R. A study of tobacco carcinogenesis. XLIV. Bioassay in A/J mice of some N-nitrosamines. Cancer Lett 1989;47:111-114.

[55] 55. Stepanov I, Jensen J, Hatsukami D, Hecht SS. New and traditional smokeless tobacco: comparison of toxicant and carcinogen levels. Nicotine Tob Res 2008;10:1773-1782.

[56] Österdahl BG, Slorach SA. Volatile N-nitrosamines in snuff and chewing tobacco on the Swedish market. Food Chem Toxicol

1983;21:759-762.

[57] Osterdahl BG, Jansson C, Paccou A. Decreased levels of tobacco-specific N-nitrosamines in moist snuff on the Swedish market. J Agric Food Chem 2004;52:5085-5088.

[58] Stepanov I, Gupta PC, Dhumal G, Yershova K, Toscano W, Hatsukami D, et al. High levels of tobacco-specific N-nitrosamines and nicotine in chaini khaini, a product marketed as snus. Tob Control 2015;24:e271-4.

[59] Idris AM, Nair J, Friesen M, Ohshima H, Brouet I, Faustman EM, et al. Carcinogenic tobacco-specific nitrosamines are present at unusually high levels in the saliva of oral snuff users in Sudan. Carcinogenesis 1992;13:1001-1005.

[60] Idris AM, Prokopczyk B, Hoffmann D. Toombak: a major risk factor for cancer of the oral cavity in Sudan. Prev Med 1994;23:832-839.

[61] Idris AM, Ahmed HM, Malik MO. Toombak dipping and cancer of the oral cavity in the Sudan: a case–control study. Int J Cancer 1995;63:477-480.

[62] Brunnemann K, Hoffmann D. Decreased concentrations of N-nitrosodiethanolamine and N-nitrosomorpholine in commercial tobacco products. J Agric Food Chem 1991;39:207-208.

[63] Brunnemann K, Genoble L, Hoffmann D. N-Nitrosamines in chewing tobacco: an international comparison. J Agric Food Chem 1985;33:1178-1181.

[64] Zaridze DG, Safaev RD, Belitsky GA, Brunnemann KD, Hoffmann

D. Carcinogenic substances in Soviet tobacco products. In: O'Neill IK, Chen J, Bartsch H, editors. Relevance to human cancer of N-nitroso compounds, tobacco smoke and mycotoxins (IARC Scientific Publications No. 105). Lyon: International Agency for Research on Cancer; 1991:485-488.

[65] Stepanov I, Villalta PW, Knezevich A, Jensen J, Hatsukami DK, Hecht SS. Analysis of 23 polycyclic aromatic hydrocarbons in smokeless tobacco by gas chromatography-mass spectrometry. Chem Res Toxicol 2010;23:66-73.

[66] A review of human carcinogens: personal habits and indoor combustions (IARC Monographs on the Evaluation of Carcinogenic Risks to Humans, Vol. 100E). Lyon: International Agency for Research on Cancer; 2012.

[67] Pappas RS. Toxic elements in tobacco and in cigarette smoke: inflammation and sensitization. Metallomics 2011;3:1181-1198.

[68] Dhaware D, Deshpande A, Khandekar RN, Chowgule R. Determination of toxic metals in Indian smokeless tobacco products. Sci World J 2009;9:1140-1147.

[69] Al-Rmalli SW, Jenkins RO, Haris PI. Betel quid chewing elevates human exposure to arsenic, cadmium and lead. J Hazardous Mater 2011;190:69-74.

[70] Spiegelhalder B, Fischer S. Formation of tobacco-specific nitrosamines. Crit Rev Toxicol 1991;21:241.

[71] Di Giacomo M, Paolino M, Silvestro D, Vigliotta G, Imperi F, Visca P, et al. Microbial community structure and dynamics of dark fire-

cured tobacco fermentation. Appl Environ Microbiol 2007;73:825-837.

[72] Fisher MT, Bennett CB, Hayes A, Kargalioglu Y, Knox BL, Xu DM, et al. Sources of and technical approaches for the abatement of tobacco specific nitrosamine formation in moist smokeless tobacco products. Food Chem Toxicol 2012;50:942-948.

[73] Hardoim PR, van Overbeek LS, Berg G, Pirttilä AM, Compant S, Campisano A, et al. The hidden world within plants: ecological and evolutionary considerations for defining functioning of microbial endophytes. Microbiol Mol Biol Rev 2015;79:293-320.

[74] Wahlberg I, Wiernik A, Christakopoulos A, Johansson L. Tobacco-specific nitrosamines. A multidisciplinary research area. Agro Food Industry Hi Tech 1999;Jul/Aug:23-28.

[75] Tyx RE, Stanfill SB, Keong LM, Rivera AJ, Satten GA, Watson CH. Characterization of bacteri- al communities in selected smokeless tobacco products using 16S rDNA analysis. PLoSOne 2016;11:e0146939.

[76] Djordjevic MV, Hoffman D, Glynn T, Connolly GN. US commercial brands of moist snuff, 1994.I. Assessment of nicotine, moisture, and pH. Tob Control 1995;4:62-66.

[77] Andersen RA, Fleming PD, Burton HR, Hamilton-Kemp TR, Sutton TG. Nitrosated, acylated, and oxidized pyridine alkaloids during storage of smokeless tobaccos: effects of moisture, temperature, and their interactions. J Agric Food Chem 1991;39:1280-1287.

[78] Cockrell WTJ, Roberts JS, Kane BE, Fulghum RS. Microbiology of

oral smokeless tobacco pro- ducts. Tob Sci 1989;33:55-7.

[79] Pauly JL, Paszkiewicz G. Cigarette smoke, bacteria, mold, microbial toxins, and chronic lung inflammation. J Oncol 2011;2011:819129. doi: 10.1155/2011/819129.

[80] Sapkota AR, Berger S, Vogel TM. Human pathogens abundant in the bacterial metagenome of cigarettes. Environ Health Perspectives 2010;118:351-356.

[81] Nishimura T, Vertes AA, Shinoda Y, Inui M, Yukawa H. Anaerobic growth of Corynebacterium glutamicum using nitrate as a terminal electron acceptor. Appl Microbiol Biotechnol 2007;75: 889-897.

[82] Stepanov I, Hecht SS, Ramakrishnan S, Gupta PC. Tobacco-specific nitrosamines in smokeless tobacco products marketed in India. Int J Cancer 2005;116:16-19.

[83] Vigliotta G, Di Giacomo M, Carata E, Massardo DR, Tredici SM, Silvestro D, et al. Nitrite meta- bolism in Debaryomyces hansenii TOB-Y7, a yeast strain involved in tobacco fermentation. Appl Microbiol Biotechnol 2007;75:633-645.

[84] Zitomer N, Rybak ME, Li Z, Walters MJ, Holman MR. Determination of aflatoxin B in smokeless tobacco products by use of UHPLC-MS/MS. J Agric Food Chem 2015;63:9131-9138.

[85] Stanfill SB, Stepanov I. In: Smokeless tobacco and public health: a global perspective. Chapter 3. Global view of smokeless tobacco products: constituents and toxicity. Bethesda, MD: Department of Health and Human Services, Centers for Disease Control and Prevention and National Institutes of Health, National Cancer Institute

(NIH Publication No. 14-7983); 2014:75-114.

[86] Taiz L, Zeiger E. Plant physiology. Fifth edition. Sunderland, MA: Sinauer Associates, Inc.; 2010.

[87] Hempfling WP, Bokelman GH, Shulleeta M. Method for reduction of tobacco specific nitrosamines. US patent 6,755,200, 29 June 2004.

[88] The scientific basis of tobacco product regulation. Second report of a WHO study group (WHO Technical Report Series, No. 951). Geneva: World Health Organization; 2008.

[89] Gupta PC, Ray CS. Tobacco and lung health. Smokeless tobacco and health in India and South Asia. Respirology 2003;8:419-431.

[90] Changrani J, Cruz GD, Kerr AR, Katz RV, Gany F. Paan and gutka use in the United States: a pilot study in Bangladeshi and Indian-Gujarati immigrants in New York City. J Immigr Refugee Stud 2006;4:99-109.

[91] Hecht SS, Stepanov I, Hatsukami DK. Major tobacco companies have technology to reduce carcinogen levels but do not apply it to popular smokeless tobacco products. Tob Control 2011;20:443.

[92] The scientific basis of tobacco product regulation. Second report of a WHO study group (WHO Technical Report Series, No. 951). Geneva: World Health Organization; 2008.

[93] O'Connor R. Non-cigarette tobacco products: What have we learned and where are we headed? Tob Control 2012;21:181-190

7. 卷烟内容物和释放物中烟碱、烟草特有亚硝胺和苯并 [a] 芘的标准操作规程在无烟烟草制品中的应用

Nuan Ping Cheah，新加坡卫生科学局卷烟测试实验室
Patricia Richter，美国疾病控制与预防中心（佐治亚州亚特兰大）
侯宏卫 Hongwei Hou，中国国家烟草质量监督检验中心
胡清源 Qingyuan Hu，中国国家烟草质量监督检验中心
Clifford Watson，美国疾病控制与预防中心（佐治亚州亚特兰大）

目录

7.1 引言
7.2 无烟烟草制品中的烟碱、烟草特有亚硝胺和苯并 [a] 芘
    7.2.1 烟碱
    7.2.2 烟草特有亚硝胺
    7.2.3 苯并 [a] 芘
7.3 WHO 标准操作规程对无烟烟草制品分析的适用性评价
    7.3.1 分析方法评价
    7.3.2 烟碱的测定
    7.3.3 烟草特有亚硝胺的测定
    7.3.4 苯并 [a] 芘的测定
7.4 讨论和建议
7.5 参考文献

7.1 引　　言

WHO 烟草控制框架公约（FCTC）缔约方会议（COP）第五届会议[1]要求 WHO 确定管理无烟烟草制品中化合物的方案。COP 第六次会议请秘书处邀请 WHO 在两年内评估烟草内容物及释放物中烟碱、烟草特有亚硝胺（TSNA）和苯并[a]芘的标准操作规程（SOP）是否适用于除卷烟以外的烟草制品，包括无烟烟草。中国国家烟草质量监督检验中心、美国疾病控制与预防中心（CDC）和新加坡卫生科学局同意承担此任务，以确定 WHO 关于烟草中烟碱含量的 SOP 和主流烟草烟气中的 TSNA 和苯并[a]芘分析是否可用于无烟烟草。选择代表商业和研究无烟烟草的鼻烟、潮湿鼻烟、干燥鼻烟和散叶咀嚼烟草进行测试。为了符合 WHO 的最后期限，测试实验室同意使用在某种程度上可代表常见形式无烟烟草化学特征并且在物理和化学性质上存在差异的测试材料。本节介绍了 WHO 标准操作规程对无烟烟草制品的适用性和适应性的评估以及推荐的方法。

7.2　无烟烟草制品中的烟碱、烟草特有亚硝胺和苯并[a]芘

7.2.1　烟碱

如第 6 节所述，烟碱被认为是无烟烟草中的主要致瘾物质。

7. 卷烟内容物和释放物中烟碱、烟草特有亚硝胺和苯并 [a] 芘的标准操作规程在无烟烟草制品中的应用

它以离子化或非离子化（也称为未质子化或游离）状态存在。这种非离子形式具有特殊的公共卫生和监管意义，因为它是烟碱快速通过口腔黏膜吸收的形式[2]。产品可能具有相似水平的总烟碱，但根据其 pH 提供不同量的非离子化烟碱。根据烟碱的 pK_a 和 Henderson-Hasselbalch 方程、测得 pH 和总烟碱含量可计算出总非离子化烟碱的量及其所占的百分比[2]。因此，烟碱水平和 pH 的测量对于通知政策和监管至关重要。表 7.1 列出了文献中报道的烟碱含量。

表 7.1 各种无烟烟草制品中烟碱、非离子化烟碱、pH、水分、TSNA 和苯并 [a] 芘的浓度[3-12]

类型	总烟碱，湿重（mg/g）	非离子化烟碱（mg/g）	pH	水分（%）	总 TSNA（μg/g）	苯并 [a] 芘（μg/g）
Gul powder tobacco leaf zarda	9.55~65.0	0.05~31.0	5.22~9.22		7.47~25.23（湿重）	3~38.2
Khaini gutkha	0.16~21.3	0.12~4.68	7.43~9.65		0.14~127.93（干重）	
Mawa Mainpuri Naswar toombak	0.16~40.6	0.11~13.2	7.38~11.0	6~60	0.10~7870	
湿鼻烟（鼻烟）	7.76~26.92（干重）	<0.01~13.8	5.54~10.1	35~60	2.0~7870	≤940
干鼻烟	<0.01~71.4			6~7	≤1219	>0.1~90

7.2.2 烟草特有亚硝胺

TSNA 是由烟草生物碱和亚硝化剂在固化、发酵、老化和高温高相对湿度下储存过程中形成的强致癌物[3, 13]。无烟烟草中的 TSNA 浓度是主流烟草烟气中的 500 倍（表 7.2），尽管它们在国家和产品间差异很大[6, 14]。苏丹使用的无烟烟草 toombak 报道的总 TSNA 浓度最高（992000 ng/g）[5]。

表 7.2 无烟烟草和卷烟烟草及释放物中烟碱、TSNA 和苯并 [a] 芘的浓度 [3,15,16]

待测物	无烟烟草产品	烟草填充物	主流卷烟（ng/ 卷烟）	无烟烟草和卷烟浓度差异倍数
烟碱	≤71.4 mg/g	23.18 mg/g	—	>2.5
TSNA	≤992 000 ng/g	—	1068.8	
苯并 [a] 芘	≤940 ng/g	—	29.93	

7.2.3 苯并 [a] 芘

卷烟主流烟气中释放的苯并 [a] 芘是烟草燃烧的结果，而无烟烟草中的苯并 [a] 芘则是由于使用了含有 PAH 的火烤烟草[17]。含有火烤烟草的无烟烟草中含有苯并 [a] 芘，其含量从低出检测限至 940 ng/g，明显高于主流卷烟烟草的产量（表 7.2）。苯并 [a] 芘是 IARC 第一类人类致癌物。它经常作为 PAH 暴露量的替代物来测量[18]。

7.3 WHO 标准操作规程对无烟烟草制品分析的适用性评价

7.3.1 分析方法评价

目前已经发表了许多用于烟碱分析的方法，包括测定 pH 和水分含量。基于 GC-FID 的技术是应用最广泛的技术[2]，已经被美国马萨诸塞联邦采用[19]，并被 TobLabNet 验证可用于分析卷烟烟丝。其他已公布的程序包括使用 MS 进行检测[4,5]。GC 与热能分析仪或 MS 结合常用于测定无烟烟草中的 TSNA[7,20]。用于分析卷烟烟气中 PAH

7. 卷烟内容物和释放物中烟碱、烟草特有亚硝胺和苯并 [a] 芘的标准操作规程在无烟烟草制品中的应用

的气相色谱-质谱法（GC-MS）的改进适用于无烟烟草的分析[20,21]。

7.3.2 烟碱的测定

无烟烟草中烟碱的测定可以基于 WHO SOP-04[22]。总烟碱和非离子化烟碱的值对评估无烟烟草的成瘾性有重要的价值[20,23]。在 SOP-04 中，烟碱从卷烟烟丝中用氢氧化钠和正己烷的水溶液萃取出来，在此过程中，所有烟碱都转移到正己烷中。提取物通过 GC-FID 分析，GC-FID 通常用于分析主流卷烟烟气和电子液体中的烟碱。通常分析实验室可提供该设备。

无烟烟草制品中烟碱的浓度与卷烟烟丝中报道的浓度相当或稍高（表 7.2）。还应测量 pH 和水分含量（在湿鼻烟中高达 50%），以便可以在干重和湿重基础上报告结果。TobLabNet SOP-04 不包括湿度和 pH 的测量。重量测定法用于无烟烟草中的挥发性化合物的测量，并描述了烟草与水混合物的 pH 的测定[2,5,20,24]。这些额外的测量并不复杂，但需要处理烟草样品的设备（例如研磨含有大块烟叶的样品，如散叶烟草）和能够保持 99~100℃几小时的干燥烘箱。一种测量无烟烟草含水量的方法是对 AOAC 966.02 方法的改进[25]，被称为"总水分测定"，用于测定在 99℃ ±1.0℃是挥发性的水和烟草成分[2]。

无烟烟草的 pH 应使用标准 pH 计测定。通常，将 2 g 无烟烟草与 20 mL 分析级水混匀，在室温（20~25℃）下振荡或搅拌，60 min 内用校准的 pH 计测量 pH。pH 计用经过认证的标准缓冲液进行校准。确认 pH 没有系统误差很重要[2]。根据样本的类型，再加入 10 mL 水稀释混合物以便于测量。

无烟烟草中总烟碱和非离子化烟碱含量由 Henderson-Hasselbalch 方程基于总测定的烟碱、pH 和 pK_a 值（8.02）计算而来[2,20]。

7.3.3 烟草特有亚硝胺的测定

目前 CDC 用于确定烟气和烟草中 TSNA 的方法与 WHO SOP-03 类似[26]，只有少数例外。

WHO SOP-03 的样品制备和分析部分适用于无烟烟草，并且 TobLabNet 方法确定卷烟填充物中的 TSNA 用于分析无烟烟草应该相对简单。无烟烟草的 NNN 和 NNK 含量在 20~10000 ng/g 之间，而主流烟气中的 NNN 和 NNK 含量（表 7.2）处于标准工作曲线低浓度范围内。因此，上限校准范围将不得不扩大到可以涵盖更高浓度 NNN 和 NNK 的无烟烟草产品。线性度或探测器饱和度不应该成为问题。

SOP-03 的适应性应基于与目前用于主流烟气释放物和烟草中 TSNA 含量测定的 CDC 方法的比较结果[15]。具体而言，如上所述，无烟烟草的校准曲线应该延长（并且保持线性），并且无烟烟草样品可能需要研磨和过滤，使烟草"细粒"不会阻塞注射系统。样品制备应与 WHO TobLabNet 方法和现行 CDC 方法相同，包括提取程序。提取的样本量必须进行优化，并且应考虑其他修正，如研磨烟草以提高提取效率。因此，经过适当调整，用于测量卷烟排放中 TSNA 的 TobLabNet 方法也可测量无烟烟草中的 NNN 和 NNK。

7.3.4 苯并[a]芘的测定

无烟烟草中苯并[a]芘的测定可基于 WHO SOP-05 测定卷烟烟气中苯并[a]芘含量的方法[27]。在 WHO 方法中，卷烟烟气捕集在 1 μm 玻璃纤维制成的 CFP 中。吸烟后，滤片用含有同位素标记的苯

7. 卷烟内容物和释放物中烟碱、烟草特有亚硝胺和苯并 [a] 芘的标准操作规程在无烟烟草制品中的应用

并 [a] 芘 -D^{12} 的环己烷溶液萃取。

环己烷萃取物通过二氧化硅固相萃取柱洗脱，收集洗脱液并通过 GC-MS 电子电离模式进行分析。0.2~1.0 g 无烟烟草产品样品（验证期间对量进行优化）应使用环己烷（室温下 10 mL）萃取，振荡 1 h 并将提取物 200 r/min 下离心 60~80 min。在 5 mL 提取物中加入苯并 [a] 芘 -D^{12} 内标并充分混合。SOP-05 中所示的样品净化包括在硅胶柱上进行固相萃取，然后进行旋转蒸发。实验室应探讨是否需要旋转蒸发。

将固相萃取的样品混合物装入预先清洗过的硅胶柱（Waters 公司的 Sep-pak Vac 硅胶柱或同等产品）中进行样品清洗，并用环己烷洗脱。将多次洗涤的洗脱液混合并干燥。然后用 1 mL 环己烷重新溶解并用 GC-MS 进行分析。在方法验证过程中应探讨的可选步骤包括采用固相萃取法净化样品和旋蒸，正如参考文献 [27] 的规定那样。复溶试样应通过 GC-MS 进行分析。

CDC 选择了七种无烟烟草产品（snus、湿鼻烟、干鼻烟和散叶）进行本研究（表 7.3）。四种是从 CORESTA 获得的参考产品，三种是从供应商（Lab Depot, Atlanta, GA, USA）获得的商业产品。CDC 将这 7 种无烟烟草产品邮寄到中国国家烟草质量监督检验中心和新加坡卫生科学局进行方法验证。

表 7.3 选择无烟烟草测试材料进行方法验证

无烟烟草产品	类型	产品	总烟碱	pH	水分（%）	TSNA	苯并 [a] 芘
CRP1	鼻烟	参考	0.8%（湿重）	8.5	52	~1.46 ppm	待定
CRP2	湿鼻烟	参考	1.2%（湿重）	7.7	54.6	~4.40 ppm	待定
CRP3	干鼻烟	参考	1.2%（湿重）	7.7	54.6	18~19 ppm	待定
CRP4	散叶	参考	1.9%（湿重）	6.9	8.0	~3.70	待定

续表

无烟烟草产品	类型	产品	总烟碱	pH	水分（%）	TSNA	苯并[a]芘
Silvercreek Wintergreen[7]	湿鼻烟	商业	8.2-11.96mg/g（湿重）	6.29-7.08	51.9-52.6	15.86 mg/g（湿重）	待定
Skoal Original [14,28]	湿鼻烟	商业	11.4 mg/g（湿重）	7.27	59	?	待定
Red Seal Wintergreen	湿鼻烟	商业	14.9 mg/g（湿重）	7.55	53.3	4.87~5.27 mg/g（湿重）	待定

ppm：百万分之一

7.4 讨论和建议

本部分的目标是推荐量化分析程序，以适应现有的TobLabNet验证卷烟的方法并将其应用于无烟烟草的分析。已经发布了许多用于分析烟碱和TSNA的方法，还包括pH测定和水分含量测定。GC-FID是首选方法，因为该设备在全球分析实验室中普遍可用。

知识渊博的专家对烟碱、苯并[a]芘和TSNA的TobLabNet标准操作程序的审查结论是：这些方法适用于无烟烟草制品。必须对代表性样品进行交叉基质研究以对方法进行确认。尽管为了涵盖一系列物理和化学特性而选择了各种研究和商业无烟烟草测试样品（表7.3），但样品没有涵盖不同类型的烟草产品的所有品种。样品制备优化的方法有限，而对于NNN和NNK，校准范围将不得不扩大以涵盖那些含量较高的无烟烟草制品（表7.1）。另外，应该讨论测定pH和水分的方法并达成共识。我们建议对无烟烟草产品中的烟碱、pH、苯并[a]芘、NNN和NNK进行交叉基质验证实验，以适应TobLabNet标准操作程序。

7. 卷烟内容物和释放物中烟碱、烟草特有亚硝胺和苯并 [a] 芘的标准操作规程在无烟烟草制品中的应用

结论

- 用于测定 TSNA 和烟碱含量的 TobLabNet 方法可用于或适用于测定无烟烟草制品；
- 应该验证 TobLabNet 方法测定苯并 [a] 芘的适用性，因为基质不同于标准操作规程中指定的方法；
- 具体、有选择性的 TobLabNet 方法和净化步骤应该能够提取有害物质；
- 标准曲线校准范围的延长或样品的稀释应涵盖无烟烟草产品中的较高浓度值。

推荐

- 要求制造商通过独立实验室公布产品的 pH 和有害物质 TSNA、苯并 [a] 芘和烟碱的水平（用 WHO 验证的方法或国家的官方方法测量）；
- 合规性可以在政府机构指定的任何分析实验室中进行测试。

下一步工作

- 通过现有的实验室资源，利用烟草、食品、植物和环境基质的现有方法，对无烟烟草制品中的金属、保润剂和醛类物质进行分析。

7.5 参考文献

[1] Report of the sixth session of the Conference of the Parties to the WHO Framework Convention on Tobacco Control. Geneva: World Health Organization; 2014.

[2] Richter P, Spierto FW. Surveillance of smokeless tobacco nicotine, pH, moisture, and unprotonated nicotine content. Nicotine Tob Res 2003;5:885-9.

[3] Smokeless tobacco and some tobacco-specific N-nitrosamines (IARC Monographs on the Evaluation of the Carcinogenicity of Chemicals to Humans, Vol. 89). Lyon: International Agency for Research on Cancer; 2007: 641.

[4] Stepanov I, Hecht SS, Ramakrishnan S, Gupta PC. Tobacco-specific nitrosamines in smokeless tobacco products marketed in India. Int J Cancer 2005;116:16-19.

[5] Personal habits and indoor combustions. A review of human carcinogens (IARC Monographs on the Evaluation of Carcinogenic Risks to Humans, Vol. 100E). Lyon: International Agency for Research on Cancer; 2012: 598.

[6] Stanfill SB, Connolly GN, Zhang L, Jia LT, Henningfield JE, Richter P, et al. Global surveillance of oral tobacco products: total nicotine, unionised nicotine and tobacco-specific N-nitrosa mines. Tob Control 2011;20:e2.

[7] Richter P, Hodge K, Stanfill S, Zhang L, Watson C. Surveillance of moist snuff: total nicoti- ne, moisture, pH, un-ionized nicotine, and tobacco-specific nitrosamines. Nicotine Tob Res 2008;10:1645-52.

[8] Hoffmann D, Harley NH, Fisenne I, Adams JD, Brunnemann KD. Carcinogenic agents in snuff. J Natl Cancer Inst 1986;76:435-7.

[9] Idris AM, Ibrahim SO, Vasstrand EN, Johannessen AC, Lillehaug JR, Magnusson B, et al. The Swedish snus and the Sudanese toombak: are they different? Oral Oncol 1998;34:558-66.

[10] Rodu B, Jansson C. Smokeless tobacco and oral cancer: a review of the risks and determinants. Crit Rev Oral Biol Med 2004;15:252-63.

[11] Caraway JW, Chen PX. Assessment of mouth-level exposure to tobacco constituents in US snus consumers. Nicotine Tob Res 2013;15:670-7.

[12] Sharma P, Murthy P, Shivhare P. Nicotine quantity and packaging disclosure in smoked and smokeless tobacco products in India. Indian J Pharmacol 2015;47:440-3.

[13] Stepanov I, Biener L, Knezevich A, Nyman AL, Bliss R, Jensen J, et al. Monitoring tobacco-specific N-nitrosamines and nicotine in novel Marlboro and Camel smokeless tobacco products: findings from round 1 of the New Product Watch." Nicotine Tob Res 2012;14:274-81.

[14] Smokeless tobacco and public health: a global perspective. Bethesda, MD, Centers for Disease Control and Prevention and National Institutes of Health, National Cancer Institute; 2014: 558.

[15] Ashley DL, Beeson MD, Johnson DR, McCraw JM, Richter P, Pirkle

JL, et al. Tobacco-specific nitrosamines in tobacco from US brand and non-US brand cigarettes. Nicotine Tob Res 2013;5:323-31.

[16] Counts M, Morton M, Laffoon S, Cox R, Lipowicz P. Smoke composition and predicting relationships for international commercial cigarettes smoked with three machine-smoking conditions. Regul Toxicol Pharmacol 2005;41:185-227.

[17] McAdam K, Faizi A, Kimpton H, Porter A, Rodu B. Polycyclic aromatic hydrocarbons in US and Swedish smokeless tobacco products. Chem Cent J 2013;7:18.

[18] Evaluation of certain food contaminants. Sixty-fourth report of the Joint FAO/WHO Expert Committee on Food Additives (WHO Technical Report Series 930). Geneva: World Health Or- ganization: 2006:109.

[19] 105 CMR 660.000 Cigarette and smokeless tobacco products: reports of added constituents and nicotine ratings. Boston, MA: Commonwealth of Massachusetts; 1999 (www.mass.gov/ eohhs/ docs/dph/regs/105cmr660. Pdf).

[20] Stepanov I, Jensen J, Hatsukami D, Hecht S. New and traditional smokeless tobacco: comparison of toxicant and carcinogen levels. Nicotine Tob Res 2008;10:1773-82.

[21] Ding YS, Ashley DL, Watson CH. Determination of 10 carcinogenic polycyclic aromatic hydrocarbons in mainstream cigarette smoke. J Agric Food Chem 2007;55:5966-73.

[22] Standard operating procedure. Determination of nicotine in cigarette tobacco filler（WHO SOP-04）. Geneva: World Health Or-

ganization; 2014.

[23] Hatsukami DK, Severson HH. Oral spit tobacco: addiction, prevention and treatment. Nicotine Tob Res 1999;1:21-44.

[24] Determination of pH of smokeless tobacco products method No. 69. Paris: Cooperation Centre for Scientific Research Relative to Tobacco; 2010.

[25] AOAC method 966.02. Rockville, MD: Association of Official Analytical Chemists; 1990.

[26] Standard operating procedure. Determination of tobacco-specific nitrosamines in mainstream cigarette smoke under ISO and intense smoking conditions (WHO SOP-03). Geneva: World Health Organization; 2014.

[27] Standard operating procedure. Determination of benzo[a]pyrene in mainstream cigarette smoke (WHO SOP-05). Geneva: World Health Organization; 2015.

[28] Hoffmann D, Djordjevic MV, Fan J, Zang E, Glynn T, Connolly GN. Five leading US commercial brands of moist snuff in 1994: assessment of carcinogenic N-nitrosamines. J Natl Cancer Inst 1995;87:1862-9.

8. 总体建议

WHO 烟草制品管制研究组（TobReg）出版了一系列报告，为烟草制品管制提供了科学依据。根据世界卫生组织《烟草控制框架公约》（WHO FCTC）第 9 条和第 10 条[9]，这些报告确定了以证据为基础的烟草制品管理办法。

第八次会议侧重于推进烟草制品管理的关键问题，尤其是在 WHO FCTC 第六次缔约方会议上概述的问题[10]。讨论的主题包括：①卷烟特性和设计特点；②水烟烟草和无烟烟草中的有害物质；③世界卫生组织烟草实验室网络（TobLabNet）将测定卷烟烟草制品特定内容物和释放物中化学物质的标准操作程序（SOP）用于 ENDS、水烟烟草和无烟烟草制品。

主要建议

本报告提供了有关指定卷烟设计特征的相关指导，以及测试和披露各种无烟烟草制品、水烟烟草制品和其他产品（如 ENDS）的内容物和释放物含量。

设计特点：成员国应该要求烟草制品制造商和进口商按照指定

---

[9] 更多信息见 http://apps.who.int/iris/bitstream/10665/42811/1/9241591013.pdf?ua=1 （2016 年 9 月 20 日）

[10] 欲了解更多关于世界卫生组织《烟草控制框架公约》缔约方大会的信息，见 http://apps.who.int/gb/fctc/E/E_cop6.htm 上的 FCTC/COP6(10) 号决定第 2(a) 段和 FCTC/COP6(12) 号决定第 2(b) 段（2016 年 9 月 20 日）

8. 总体建议

的时间间隔向世界卫生组织政府提供世界卫生组织《烟草控制框架公约》部分指南附录 2 中所列的设计特征信息，包括烟草行业进行的测试结果。成员国还应考虑限制或禁止可能增加烟草产品吸引力的其他设计特征，例如香味物质和胶囊。最后，如果特定品牌的烟草产品的设计特征发生变化，成员国应该要求制造商通知政府这一变化，并在变更时提供最新信息。

无烟烟草：要求制造商上报无烟烟草产品烟草特有亚硝胺（TSNA）、苯并[a]芘（B[a]P）、烟碱含量及 pH，因为 WHO TobLabNet 方法适用于测定这些特定的有害物质。此外，由于现有技术可降低无烟烟草致癌物的含量，因此要求制造商使用这些技术以降低产品的有害性。监管机构还应考虑要求制造商改善储存条件，例如冷藏销售前的产品、标注生产日期和调整包装材料。最后，还应要求制造商向零售商介绍无烟烟草产品的储存条件。

水烟烟草：水烟吸烟通常使用燃烧的木炭作为热源，因此，水烟烟气除了来自烟草制品本身的炭之外，还包括由炭产生的有害物质。由于这种复杂性，监管机构应该考虑一种方法，首先着重于测量和报告水烟烟草制品中已知的增加有害性、成瘾性和吸引力的化学成分，当评估和分析方法得到验证后，再将其扩大至释放物中的化学物和有害物质。

ENDS：有足够的数据来支持现有和进行中的 WHO SOP 在 ENDS 烟液和气溶胶中针对烟碱、保润剂（溶剂）、羰基化合物、（B[a]P）和 TSNA 的扩展。建议测量烟液的 pH 以确定 ENDS 烟液的 pH 范围，这将有助于调查提供给使用者的烟碱成瘾性。应对金属进行检测，以确定是否存在潜在的相关健康风险。

对公共卫生政策的意义

制定全面和有效的烟草控制政策面临的挑战之一是商业上可获得的烟草产品具有广泛性和多样性。TobReg 的报告为理解特定产品（如卷烟、无烟烟草和水烟）的内容物、释放物和设计特点提供了有益的指导。报告强调了它们的有害物质或特征对公众健康的影响。此外，该报告阐述了 WHO TobLabNet 标准操作规程如何作为测试这些产品的可靠方法。现有的知识表明，需要对多种烟草制品的使用情况进行积极调查，并监测新兴的新型烟草制品。

对世界卫生组织计划的意义

该报告应 TobReg 的要求向 WHO 总干事提供了成员国关于烟草制品管制的科学合理、有据可依的建议。根据 WHO FCTC 第 9 条和第 10 条的规定，TobReg 已经确定了以证据为基础的方法来管理成员国大量的烟草制品。TobReg 的报告还列出了未来的研究领域，这将扩大有关烟草制品监管的知识基础。